青少年心理自助文库
励志丛书

谦卑

终日虚心待凤来

郭龙江/著

本书带您重新认识谦虚、善良、诚实、克制、礼貌等道德品质，让您学会打造良知这张行走世间的通行证。

中国出版集团 现代出版社

图书在版编目(CIP)数据

谦卑:终日虚心待风来 / 郭龙江著. —北京 : 现代出版社, 2013.11 (2021.3 重印)

(青少年心理自助文库)

ISBN 978-7-5143-1860-9

Ⅰ. ①谦… Ⅱ. ①郭… Ⅲ. ①人生哲学 - 青年读物 ②人生哲学 - 少年读物 Ⅳ. ①B821 - 49

中国版本图书馆 CIP 数据核字(2013)第 273483 号

作　　者　郭龙江
责任编辑　刘春荣
出版发行　现代出版社
通讯地址　北京市安定门外安华里 504 号
邮政编码　100011
电　　话　010 - 64267325 64245264(传真)
网　　址　www.1980xd.com
电子邮箱　xiandai@cnpitc.com.cn
印　　刷　河北飞鸿印刷有限责任公司
开　　本　710mm × 1000mm　1/16
印　　张　12
版　　次　2013 年 11 月第 1 版　2021 年 3 月第 3 次印刷
书　　号　ISBN 978-7-5143-1860-9
定　　价　39.80 元

前言
PREFACE

为什么当今的青少年拥有丰富的物质生活却依然不感到幸福、不感到快乐？怎样才能彻底摆脱日复一日地身心疲惫？怎样才能活得更真实更快乐？越是在喧嚣和困惑的环境中无所适从，我们越觉得快乐和宁静是何等的难能可贵。其实“心安处即自由乡”，善于调节内心是一种拯救自我的能力。当我们能够对自我有清醒的认识，对他人能宽容友善，对生活无限热爱的时候，一个拥有强大的心灵力量的你将会更加自信而乐观地面对一切。

青少年是国家的未来和希望。对于青少年的心理健康教育，直接关系到其未来能否健康成长，承担建设和谐社会的重任。作为学校、社会、家庭，不仅要重视文化专业知识的教育，还要注重培养青少年健康的心态和良好的心理素质，从改进教育方法上来真正关心、爱护和尊重青少年。如何正确引导青少年走向健康的心理状态，是家庭，学校和社会的共同责任。心理自助能够帮助青少年解决心理问题、获得自我成长，最重要之处在于它能够激发青少年自觉进行自我探索的精神取向。自我探索是对自身的心理状态、思维方式、情绪反应和性格能力等方面的深入觉察。很多科学研究发现，这种觉察和了解本身对于心理问题就具有治疗的作用。此外，通过自我探索，青少年能够看到自己的问题所在，明确在哪些方面需要改善，从而“对症下药”。

如果说血脉是人的生理生命支持系统的话，那么人脉则是人的社会生命支持系统。常言道“一个篱笆三个桩，一个好汉三个帮”，“一人成木，二人成林，三人成森林”，都是这样说，要想做成大事，必定要有做成大事的人脉网络和人脉支持系统。我们的祖先创造了“人”这个字，可以说是世界上最伟大的发明，是对人类最杰出的贡献。一撇一捺两个独立的个体，相互支撑、相互依存、相互帮助，构成了一个大写的“人”，“人”字的象形构成，完美地诠释了人的生命意义所在。

人在这个社会上都具有社会性和群体性，“物以类聚，人以群分”就是最好的诠释。每个人都生活在这个世界上，没有人能够独立于世界之外，因此，人自打生下来，身后就有着一张无形的，属于自己的人脉关系网，而随着年龄的增长，这张网也不断地变化着，并且时时刻刻都在发生着变化：一出生，我们身边有亲戚，这就有了家族里面的关系网；一上学，学校里面的纯洁友情，师生情，这样也有了师生之间的关系；参加工作了，有了同事，有了老板，这样也就有产生了单位里的人际关系；除了这些关系之外，还有很多关系：社会上的朋友，一起合作的伙伴……

很多人很多时候觉得自己身边没有朋友，觉得自己势单力薄，还有在最需要帮助的时候，孤立无援，身边没有得力的朋友来搭救自己。这就是没有好好地利用身边的人脉关系。只要你学会了怎么去处理身边的人脉关系，你就会如鱼得水，活得潇洒。

本丛书从心理问题的普遍性着手，分别论述了性格、情绪、压力、意志、人际交往、异常行为等方面容易出现的一些心理问题，并提出了具体实用的应对策略，以帮助青少年读者驱散心灵阴霾，科学调适身心，实现心理自助。

本丛书是你化解烦恼的心灵修养课，可以给你增加快乐的心理自助术。会让你认识到：掌控心理，方能掌控世界；改变自己，才能改变一切。只有实现积极的心理自助，才能收获快乐的人生。

目 录 CONTENTS

第一篇 谦虚礼让，虚心使人进步

谦虚是做人的大智慧 ◎ 3

虚心之人善于说话 ◎ 6

谦卑方能立身处世 ◎ 9

谦虚是一种修养 ◎ 12

低调处事，始终保持本色 ◎ 15

理性认识自己 ◎ 18

得意时切勿骄傲 ◎ 22

第二篇 虚心接受，听取他人意见

谦让是一种美德 ◎ 27

善于接受他人的批评 ◎ 31

谦虚做人的学问 ◎ 34

勇于承认自己的错误 ◎ 38

谦卑的人有福 ◎ 42

在低调谦虚中成就自己 ◎ 47

谦虚的闪光点 ◎ 51

第三篇 虚怀若谷,谦卑是一种力量

为人要能做到宠辱不惊 ◎ 57
做个谦逊的人 ◎ 61
懂得谦虚和不张扬 ◎ 64
谦虚做人需要淡泊的心境 ◎ 68
谦虚的人情圈子 ◎ 72
动物界的谦虚法则 ◎ 76
海纳百川有容乃大 ◎ 79

第四篇 低调处事,虚心使人成熟

待人态度要谦逊 ◎ 85
做人低调会减少很多阻力 ◎ 91
低俯一生,留芳万古 ◎ 97
放低姿态是自我保护 ◎ 102
谨慎张扬自己的个性 ◎ 107
谦逊是一种生活的态度 ◎ 111
低调是做人的必然要求 ◎ 116

第五篇 虚心请教,放下你的“身段”

虚心求教方能成大事 ◎ 123
凡事多问必有益处 ◎ 127
虚心才能学到更多的知识 ◎ 132
谦虚的意义 ◎ 136

踏实做人，虚心请教 ◎ 141
虚心的人做事谨慎认真 ◎ 147

第六篇 淡泊名利，谦卑是一种境界

平心静气，巧避锋芒 ◎ 153
“示弱”的胸怀 ◎ 156
谦卑地活着 ◎ 160
虚怀的人有一颗博大的心 ◎ 165
理性地看待问题 ◎ 169
谦卑是做人的根本 ◎ 176
保持积极的心态 ◎ 180

第一篇 谦虚礼让，虚心使人进步

韬光养晦，深藏不露虚心之人必定是一位善于敛迹之人，他们不会将自己的才华过于暴露在众人面前。因为，他们知道做大事要学会藏锋敛迹，在自己还没有长满羽翼的时候，适时忍耐，只有这样才能一举成功。要知道“锋芒”如果藏不住的话只会为自己带来祸患，令自己后悔不迭！

大智若愚者藏才隐德，谦虚谨慎，以弱制胜，为自己赢得发展和提高的时间和环境，并能统观全局，站在比别人更高的角度上把握事态发展的脉络。

因而他们常常是任重而道远的承担者，比常人更能抓住成功的机会。

谦虚是做人的大智慧

智者为人，心平气和，宠辱不惊。智者处事，含而不露，隐而不显，看透而不说透，知根而不亮底，其实，他们用的是心功。

人的资质各种各样，有聪明人和糊涂人，而同是聪明人，又有大聪明和小聪明之分，同是糊涂人，则又有真糊涂和假糊涂之别。

苏轼《贺欧阳少师致仕启》中有这样一句名言："大勇若怯，大智若愚"。真正的大智大勇未必要大肆张扬，卖弄聪明，不是徒有其表而要看实力。具有大智慧的人，看起来反倒如同糊涂人，其实不是真糊涂而是假糊涂，这就是"大智若愚"。大智若愚的人给人的印象是：宽厚敦和，平易近人，不露锋芒，甚至有点木讷和傻气。其实在若愚的背后，隐含的是真正的大智慧、大聪明。

魏晋时期的王湛，是一个很懂得隐藏自己的人。他平时不言不语，从不表现自己，别人有什么对不起他的地方，他也从不去计较，因此很多人都轻视他，认为他是个大傻瓜，连他的侄子王济也瞧不起他。

吃饭的时候，明明桌子上有许多好菜，可是王济一点都不客气，好鱼好肉都不让这位叔叔吃。王湛一点都不生气，叫王济给他点蔬菜吃，可王济又当着他的面把蔬菜也吃光了，要是平常人早就发怒了，可是王湛还是不言不语，脸上没有一点生气的表情。

有一天，王济偶然到叔叔的房间里，见到王湛的床头有一本《周易》，这是一本很晦涩的书，一般人是很难读懂的。在王济眼里，这位"傻"叔叔怎么可能读得懂这样一部书呢？肯定是放在那里做做样子。于是就问王湛:“叔叔把这本书放在床头干什么呢?”王湛回答:“闲暇无事的时候,坐在床头随便翻翻。”

王济心里非常疑惑,便故意请王湛给他说说书中的一些内容。王湛分析其中深奥的道理,居然深入浅出,非常中肯,讲得精炼而趣味横生,有些地方恐怕连当时最有名的学者都比不上。

王济从来没有听到这样精妙的讲解,心中暗暗吃惊,于是留在叔叔的住处向他请教,接连好几天都不愿回去。经过接触和了解,他深深感觉到,自己的知识和学识跟这个“傻”叔叔相比,简直差了一大截。他惭愧地叹息道:“我们家里有这样一位博学的人,可我这么多年来却一点都不知道,真是一个大过错啊。”几天后,他要回家了,王湛又非常客气地送他到大门口。

后来又发生几件事情,让王济对这位叔叔更加刮目相看。王济有一匹性子很烈的马,特别难骑,就问王湛:“叔叔爱好骑马吗?”王湛说:“还有点爱好。”说着一下子就跨上这匹烈马,姿态悠闲轻巧,速度快慢自如,连最善骑马的人也无法超越他。王济又一次惊呆了。

王济对他平时骑的马特别喜爱,王湛又说:“你这匹马虽然跑得快,但受不得累,干不得重活。最近我看到督邮有一匹马,是一匹能吃苦的好马,只是现在还小。”王济就将那匹马买来,精心喂养,想等它与自己骑的马一样大了,就进行比试,看叔叔说的是否正确。将要比试的时候,王湛又说:“这匹马只有背着重物才能体现出它的能力,而且在平地上走显不出优势来。”王济就让两匹马驮着重物在有土堆的场地上比赛。跑着跑着,王济的马渐渐落后了,过了一会居然摔倒了,而督邮的马还向平常一样,走得稳稳当当。

通过这些事情,王济从内心深处佩服叔叔的学识和才能,知道他不仅学识渊博,在骑马、相马各方面都很精通,不知道还有多少知识隐藏起来呢。回到家后,他对父亲说:“我有这样一位好叔叔,各方面都比我强多了,可我以前一点也不知道,还经常轻视他,怠慢他,真是太不应该了。”

当时的皇帝武帝平时也认为王湛是个傻子,有一天,他见到王济,就又像往常一样跟他开玩笑，说："你家里的傻叔叔死了没有？"

要是在过去，王济会无话可答或者配合皇帝的玩笑，可这一次。王济却大声回答说："我叔叔其实根本就不傻！"接着，他就把王湛的才能学识一五一十讲出来，武帝半信半疑，后来经过考察，发现王湛确实是个人才，于是封他当了汝南内史。

像王湛这样，平时只管发展和提高自己，而不去追求表现和虚荣，是一种深层次的人生智慧。是金子总会发光的，真有智慧的人总会受人赏识，王湛善于隐忍，不追求虚名，才获得他人真正的敬佩。

有些人总爱自作聪明，生怕被人当作傻瓜，处处表现自己，处处争权夺势，其实常常是在上演一幕幕作茧自缚、引火烧身、自掘坟墓的悲剧。这些人可能会一招得逞，一时得势，但玩的终究是小聪明小把戏，是大愚若智。

心灵悄悄话
XIN LING QIAO QIAO HUA

大智若愚者藏才隐德，谦虚谨慎，以弱制胜，为自己赢得发展和提高的时间和环境，并能统观全局，站在比别人更高的角度上把握事态发展的脉络。因而他们常常是任重而道远的承担者，比常人更能抓住成功的机会。

虚心之人善于说话

我们看武林小说，从未有什么破不了的绝招，其结局往往弄刀的刀下死，弄枪的枪下亡，溺死的多是会水的。古来大凡隐士高手，之所以蛰伏龟居、深藏不露，无不饱经风霜、深谙树大招风带来的祸患。所谓"水浅多小虾，潭深藏蛟龙。"**名人并非都是高人，高人往往不名。因为他们深谙"天外有天，人外有人"的道理。**

至于显山露水之举，还是多属不知天高地厚所致。现实中越是穷人，往往硬充富有，为的是怕人瞧不起。而身价百万千万甚至上亿的富翁出门，却往往好花小钱，怕的就是露富招惹事端。武林间的庸人与高人之间的"显""隐"，或许与此理相关。

有个女大学毕业生刚刚进入一个广播站工作，她的内心充满了激情。当时，与她一起工作的是一个有三年播音经历的同事。

在一次播音前，女大学生进行播音练习。她将稿读了一遍，感觉还不错，但为了让自己有所提高，她就找到搭档，希望得到他的指点。

"这个，嗯，呵呵，看来你认真了。"他看了看那篇文章，一脸笃定地继续说，"我猜啊，这篇文章你看过不下三遍！"

"没有，就一遍啊。"女大学生这才毫不犹疑地说，心中非常高兴：看来自己确实不错。

然而，话一出口，她搭档脸上的笑容凝滞了一下，有些尴尬地笑了笑："是吗？那行了，你已经很出色了。"说完，他马上把稿子还给了她。

不久，广播站里的人都知道，新来的一个女大学生非常骄傲，常常目中无人。女大学生发现自己已经成了众矢之的了。

也许你不通世故,那就要从现在开始改变自己;也许你才气逼人,但是不要陷入了风头主义,求功求名之心过盛就会使自己受到种种恶评。所以无论一个人有多大的能耐,都不要锋芒毕露,更不要装腔作势,这样必然招人反感。

人在社会中,无时无刻不与社会发生着各种联系,其中最重要的便是顺应社会。所谓顺应社会,实际上就是如何调整自身在社会环境中的关系,再进一层讲,本质上还是指调节与周围人群间的关系。顺应社会便是要把握尺度,在周围的人群中为自己争得更高的地位和更多的利益而又不至于使别人对自己产生坏的印象。周围人群的关系处理不好难免会成为众矢之的,终会惨遭淘汰。

处理与周围人群的关系,说来容易,真正做起来,却是极难的。这不像做一道练习题,也不像去市场买菜。所谓百人百姓,与不同的人交往须得用不同的方法来应对。这就自然给人际关系的处理带来许多想不到的意外之事。尤其是当代社会,商品经济大潮汹涌澎湃,虽然卷起洁白的浪花,却也带起了浑浊的泥沙。很难说,别人的想法是怎样的,现代人想法则更加封闭与隐秘,稍有不慎便很有可能陷入泥沼,失足难拔。特别是现在的年轻人,总是希望领导或周围的同事能在最短的时间内就知道自己是个不平凡的、很有才能的人,因而锋芒毕露,其结果往往会适得其反。

有这样一个人,应聘到某公司任职不久,部门经理就对他说:“老弟,我随时准备交班。”说心里话,当时他也是这么想的,因为经理非科班毕业,属于自学成才,而他则是本科学历,并在外资企业已有五年的工作经验,独立有主见,工作能力强。由于自恃自傲,个性率直,在讨论一些工作问题时,为此他常与上司发生争执。虽然经理有时对他也有一定的暗示,但他却不以为然。久而久之,经理便渐渐疏远了他,让他渐渐失去了施展才能的舞台。

这个人犯了一个不小的错误，那就是锋芒太露，虽然他的能力确实超过他的上司，但他不知道领导毕竟是领导。在领导眼里，下属永远比他差一截，他才会有成就感。你的能力比上司强，他本就坐立不安了，如果再明目张胆地与他对着干，哪怕你是无心的，上司也忍不住会对你施加压力。

其实，**如果仔细看看周围那些有人缘的人你就会发现，他们毫无棱角，言语如此，行动也一样**。他们各自深藏不露，表面上看好像他们都是一些碌碌无为的庸才，其实他们的才能，往往不在你之下；他们好像个个都很讷言，其实是其中颇有善辩者；他们好像个个都胸无大志，其实是颇有雄才大略而不愿久居人下者。但是他们却不肯在言谈举止上露锋芒，不肯做出众人物，其道理何在呢？

年轻气盛之人往往在语言表达上、行为举止上锋芒太露，树敌太多，与朋友之间不能水乳交融地相处，究其原因就是因为狂妄自大，不知天高地厚。

心灵悄悄话

XIN LING QIAO QIAO HUA

无论官大小、钱多少、能力大小、水平高低，只要踏踏实实做人，规规矩矩处世，路再窄也会任君通行。反之，世界虽大，却难免处处碰壁，轻则栽跟头丢人现眼，重则毁了一生。

谦卑方能立身处世

古人常崇拜“不风流处”的风流，称颂“怜儿忘丑”的高贵愚者的精神。彻底的愚是常人能及的；足够的聪明，常人都能获得。真正的人却是愚者，禅的最高阶段就是守愚禅。而守愚是世间最大的美德，即不为名利，自发性地，干该干的事。

俗话说：“做人难，难做人。”所发出的也就是一个人进也不好，退也不好，左也不好，右也不好的慨叹。但生活在现实中的人，不可避免地要充当一定的角色。**如何充当好这个社会角色，就是人生处世的一个大的学问。**

《菜根谭》中有句话是这样说的：“淡泊之士，必为浓艳者所疑；检饬之人，多为放肆者所忌。君子处此，固不可少变其操履，亦不可太露其锋芒。”句子中“淡泊”，指恬静无为，不重名利的意思。“浓艳者”，指身处富贵荣华，具有权势名利中的人。“检饬”，自我约束，谨言慎行之意。“操履”，比喻追求自己的理想。“锋芒”，意指才华和锐气。

上述这段话着重是说，“枪打出头鸟”，有才能的人往往会受到无能之辈的排挤，有德行的人常常会受到无德之人的诽谤。所以，一个修养高深的人，处于这种环境时，最好的办法是不要过于显露自己的锋芒，在坚守自己志向的同时，要善于隐忍，要多注意待人处世的方法和态度。

荀攸是曹操的一个谋士，他自谦避祸，很注意掩蔽锋芒。荀攸自从受命军师之职以来，跟随曹操征战疆场，筹划军机，克敌制胜，立下了汗马功劳。

平定河北后，曹操即进表汉献帝，对荀攸的贡献给予很高的评价。公元207年，曹操下了一个《封功臣令》，对于有贡献之臣论功行赏，其中说道："忠止密谋，抚宁内外，文若是也，公达其次也。"可见，在曹营众多的谋臣之中，他的地位仅次于曹操，足见曹操对他的器重了。后来，他转任中军师。曹操做魏公后，任命他为尚书令。

荀攸有着超人的智慧和谋略，不仅表现在政治斗争和军事斗争中，也表现在安身立业、处理人际关系等方面。他在朝二十余年，能够从容自如地处理政治漩涡中上下左右的复杂关系，在极其残酷的人事倾轧中，始终地位稳定，立于不败之地。

三国时代，群雄并起，军阀割据，以臣谋主，盗用旗号的事情时有发生。更有一些奸佞小人，专靠搬弄是非而取宠于人。在这样风云变幻的政治舞台上，曹操固然以爱才著称，但作为封建统治阶级的铁腕人物，铲除功高盖主和略有离心倾向的人，却从不犹豫和手软。荀攸则很注意将超人的智谋应用到防身固宠、确保个人安危的方面，正如文书所载"他神密有智防"。

那么，荀攸是如何处世安身的呢？曹操有一段话很形象也很精辟地反映了荀攸的这一特别的谋略："公达外愚内智，外怯内勇，外弱内强，不伐善，无施劳，智可及，愚不可及，虽颜子、宁武不能过也。"可见荀攸平时十分注意周围的环境，对内对外，对敌对己，迥然不同，判若两人。参与谋划军机，他智慧过人，迭出妙策，迎战敌军，他奋勇当先，不屈不挠。

但他对曹操、对同僚，却注意不露锋芒、不争高下，把才能、智慧、功劳尽量掩藏起来，表现得总是很谦卑、文弱、愚钝、怯懦。作为曹操的重要谋士，为曹操"前后凡画奇策十二"，史家称赞他是"张良、陈平第二"。但他本人对自己的卓著功勋却是守口如瓶、讳莫如深，从不对他人说起。

荀攸大智若愚、随机应变的处世方略，虽有故意装"愚"卖"傻"之嫌，但效果却极佳。他与曹操相处二十年，关系融洽，深受宠信。从来不见有人到曹操处进谗言加害于他，也没有一处得罪过曹操，或使曹操不悦。建安十九年，荀攸在从征孙权的途中善终而死。曹操知道后痛哭流涕，对他的品行，推崇备至，被曹操赞誉为谦虚的君子和完美的贤人，这都是荀攸以智谋而明哲保身的结果。

嫉贤妒才，几乎是人的本性，愿意别人比自己强的人并不多。所以有才能的人会遭受更多的不幸和磨难。很多位居高官的人或者尸位素餐，或者“告老还乡”，主要就是收敛锋芒，以免成为众矢之的。

心灵悄悄话
XIN LING QIAO QIAO HUA

在纷繁复杂的社会中，人际关系占着举足轻重的地位，只知显露，不知敛藏，很容易得罪人，所以“花宜半开，酒宜微醉”，低调做人，收敛起一些锋芒才好。

谦虚是一种修养

做人不要太过张扬，即使自己富有了、成功了，也不要在人前彰显自己的聪明。因为这样的你也只是把自己的缺点暴露给他人，成为他人茶余饭后的谈资对象罢了。所以做人一定要谦虚、低调。

低调做人，不张扬是一种修养、一种风度、一种文化、一个现代人必需的品格。没有这样一种品格，过于张狂，就如一把锋利的宝剑，好用而易折断，终将在放纵、放荡中悲剧而亡，无法在社会中生存。

一次，儿童文学家盖达尔带着5岁的小女儿珍妮，给夏令营的小朋友讲故事。盖达尔要为小朋友们讲的是他们所期待听的童话故事《一块石头》。

大礼堂里。孩子们正聚精会神地听盖达尔讲故事，除了盖达尔的声音，整个礼堂静得连针掉在地上都可以听到。这时，小珍妮却旁若无人地在礼堂里走来走去，偶尔还故意使劲蹀躁脚，发出惹人烦的声响，跺完脚后还露出得意的神情，她的举动仿佛在告诉小朋友："你们看，我是盖达尔的女儿！你们一个个都在听我爸爸讲故事，这些故事我每天都能听到！"

盖达尔看到女儿的行为，停止了讲故事，他突然提高嗓音，严肃大声地说："那个猖狂的小家伙是谁？请你们把那个不守秩序的小家伙撵出去！她妨碍了大家安静地听故事。"

小珍妮一下子愣住了，她没有想到自己亲爱的爸爸竟然这样说她，她连哭带喊赖着不走，想让爸爸心软，但盖达尔不为所动，坚决要求工作人员把珍妮拉出会场。

之后，盖达尔又继续给孩子们讲故事，故事讲完时，孩子们对盖达尔报以热烈的掌声。盖达尔给孩子们讲的不仅是一个有趣的故事，还通过对小珍妮的惩罚，给孩子们上了生动的一课：无论是谁，都不应以优越骄纵，过于张扬。

有功者往往居功自傲，盛气凌人，贪权恋势，殊不知杀身之祸多由此而起。十分功绩，若夸耀吹嘘，则仅剩七分，如果凭着功劳而骄傲自大，目中无人，甚至仗势欺人，那么功绩自然又减三分。自明者不管功劳如何卓著，都懂得谦虚谨慎，面对人生荣辱得失，以平常心态视之，当抽身时须抽身。功成而身退，则可垂名万世，若争功夺名，贪爵恋财，忘乎所以，居功自傲，必将招致祸害，最终身败名裂。

清朝名将年羹尧，自幼读书，颇有才识，他在康熙三十九年中进士，不久授职翰林院检讨，但是他后来却建功沙场，以武功著称。因为他的卓越才干和英勇气概，年羹尧备受康熙和雍正的赏识，成为清代两朝重臣。康熙在位时，就经常对他破格提拔，到了雍正即位之后，年羹尧更是备受倚重，和隆科多并称雍正的左膀右臂，成为雍正在外省的主要心腹大臣，被晋升为一等公。

年羹尧自恃功高，做出了许多超越本分的事情，骄横跋扈之风日甚一日。他在官场往来中趾高气扬、气势凌人。他赠送给属下官员物件的时候，令他们向着北边叩头谢恩，这在古代，只有皇帝才能这样；发给总督、将军的文书，本来是属于平级之间的公文，而他却擅称"令谕"，这就把同官视为下属；甚至蒙古扎萨克郡王额附阿宝见他，也要行跪拜礼。这些都是不合乎朝廷礼仪的越位举动。

年羹尧陪同雍正皇帝在京城郊外阅兵，雍正对士兵们说："大家辛苦了，可以席地而坐。"连下了三道圣谕都没有一个人动，直到年羹尧说："皇上让大家席地休息。"这时全体士兵才整齐地坐下，盔甲着地声震动山野。雍正觉得很奇怪，年羹尧解释说，将士们长期在外打仗，只知道有将军，哪知道有皇帝？这本身虽然说明年羹尧治军有方，但年羹尧本来就功高震主，飞扬跋扈，雍正当时早已产生疑惧。

年羹尧不仅凭着雍正的恩宠而擅作威福，还结党营私，培植私人势力，每有肥缺美差必定安插他的亲信。此外，他还借用兵之机，虚冒军功，使其未出籍的家奴桑成鼎、魏之耀分别当上了直隶道员和署理副将的官职。

年羹尧的所作所为引起了雍正的警觉和极度不满。雍正是自尊心很强的人。年羹尧功高震主，居功擅权，使皇帝落个受人支配的恶名，这是雍正所不能容忍的，也是雍正最痛恨的。于是几次暗示年羹尧收敛锋芒，遵守臣道，但年羹尧似乎并没放在心上，依旧我行我素。不久之后，风云骤变，弹劾年羹尧的奏章连篇累牍，最后被雍正帝削官夺爵，列大罪 92 条，赐自尽。一个曾经叱咤风云的大将军最终命赴黄泉，家破人亡，如此下场实在是令人叹惋。

人生处在顺境和得意时，最容易张扬。张扬是许多没有远见的人的共性，他们本来就没有大志向也没有大目标，只是在一种虚荣心的驱使下向前奔跑，目的只是想博得众人的喝彩。

心灵悄悄话

XIN LING QIAO QIAO HUA

张扬也可以说是一种误解，一种把暂时的得意看成永久得意的误解，一种把暂时的失意当成永久失意的误解。低调的人明白，这个世上永远没有永恒的事物，一切都是暂时的相对的，所以也就没有什么值得张扬的事情。

低调处事，始终保持本色

人一般都多少有点自我主义，喜欢表现自己，有的甚至夸张、炫耀。其实，这对个人并没什么好处。人应该返璞归真，处事低调，始终保持本色。要知道，一个人的好名声，是靠个人的修养、品质、业绩和成就换来的，而不是靠摆架子摆出来的，架子是一种无聊的、骗人的东西。

在科学领域，爱因斯坦绝对算得上是一个大腕，也有资格摆架子，但据说大科学家爱因斯坦的着装和修饰非常简朴，日常生活不修边幅，以至有一次去参加演讲时，负责接待工作的人把他的司机当成了他本人，而把他当成了司机。这虽说是个笑话，可也反映了大科学家爱因斯坦不摆架子、低调做人的姿态。

爱因斯坦从不摆世界名人的架子。他吃东西非常随便，外出时常坐二三等车，推导和演算公式常利用来信信纸的背面。并且，他还经常穿着凉鞋和运动衣登上大学讲坛，或出入上流社会的交际场合。有一次，总统接见他，他居然忘记了穿袜子，但这并不影响他在总统和人民心目中的伟大形象。

爱因斯坦初到纽约时，身穿一件破旧的大衣。一位熟人劝他换件新的，他却十分坦然地说："这又何必呢？在纽约，反正没有一个人认识我。"

过了几年之后，爱因斯坦已成了无人不晓的大名人，这位熟人又遇到了爱因斯坦，发现他身上还是穿着那件旧大衣，便又劝他换件好的。谁知爱因斯坦却说："这又何必呢？在纽约，反正大家都认识我。"

可见，**一个人的名声，并不是穿件漂亮的衣服就能得来的，只要你人品好，贡献大，就会赢得大家的爱戴，赢得好的口碑。**

汽车大亨亨利·福特也是一个简朴不张扬的人。有一次，到英格兰去，他要找最便宜的旅馆住宿。接待员顿生疑惑："你为什么穿这样一件，像你一样老的外套，却又要住最便宜的房间呢？可你的儿子到这儿来，却要住最高档的房间，他穿的更是最好的衣服。"亨利说："我儿子还不懂得生活。我没有必要住最好的房间，我在哪里都是亨利·福特。我穿的外套是旧了，可它是我父亲留下的，我不需要穿新的，不穿新的我也是亨利·福特。"

这在常人看来也许是不可思议的。难道是汽车大亨视钱如命？其实，这是他对人生、对生活的返璞归真，是崇尚简朴，是保持本色，是高贵的品德！如果我们也能像他一样崇尚简朴，遇事低调不张扬，这世界不就多出许多真实淳朴，少了许多人为的虚假与掩饰吗？

康熙十六年，于成龙被擢任福建按察使，主管一省司法。去福建上任前，他嘱人买了数百斤萝卜放在船上。有的人不解地问他："萝卜又不值钱，买这么多干什么？"他回答道："沿途供馔，得赖此青黄不接的时候，以用糠杂米野菜为粥。即使有客人来了，也和他一同吃薄粥。"接着对客人说："我这样做，可留些余米赈济灾民。如若上下都和我一样行事，更多的灾民会渡过难关，存活下来。"江南、江西的百姓因为于成龙自奉简陋，每天只吃青菜佐食，所以给他起了个外号"于青菜"，以示亲切景仰。于成龙喜欢饮茶，考虑到茶价很贵，他不愿意多破费，便以槐叶代茶。他让仆人每天从衙门后面的槐树上采几片叶子回来，一年下来，把那棵树都快采秃了。

于成龙身体力行，使爱好奢侈艳丽的江南民俗大为改变。人们摒弃绸缎，以穿布衣为荣。一些平日鱼肉百姓的地方官，因知道于成龙爱微服私访，每遇见白发伟躯者便胆战心惊，以为是于成龙，不得不有所收敛。

康熙二十三年，于成龙病死在两江总督任上。僚吏来到他的居室，见这位总督大臣的遗物少得可怜，而且都不值钱。床头上放着个旧箱子，里面只有一袭官袍和一双靴子，大家忍不住唏嘘流涕。

于成龙去世的消息传出后，江宁城中罢市聚哭，家家绘像祭奠。出殡那一天，江宁数万名百姓，步行20里，哭声震天，竟淹没了江涛的声音。

当年，康熙帝巡视江南，沿途官吏，无不对于成龙啧啧称赞。康熙帝不无感慨地对随行的人员说："朕博采舆论，敢称于成龙实天下廉吏第一，于成龙真百姓之父母，朕肱股之臣啊！"

在生活上简朴些、低调些，不仅有助于自身的品德修炼，而且也能赢得上下的交口称誉。

心灵悄悄话
XIN LING QIAO QIAO HUA

真正有品质、业绩和成就的人，绝不会刻意追求架子，事实上，刻意追求架子的人也不可能真正有所作为。

理性认识自己

人人都有自尊心，伤害了别人的自尊，他会将之视为“奇耻大辱”，会耿耿于怀，不能解决任何问题。低调的人处理问题，会把别人的自尊、面子放在第一位，然后再设法将事情导向好的方面。他们在一般人际交际中不会去伤害别人的自尊，也使自己减少很多不必要的损害。

在广州的一家著名酒店，一位外宾吃完最后一道菜，顺手就把精美的景泰蓝筷子悄悄插进了自己西装内侧的口袋里。

这一幕被服务小姐看到了，她不动声色地迎上前去，双手捧着一只装有一双景泰蓝筷子的小盒子，对这位外宾说：“我发现先生在用餐时，对我国景泰蓝筷子爱不释手，非常感谢你对这种精细工艺品的赏识。为了表达我们的感激之情，经餐厅主管批准，我代表酒店，将这双图案最为精美，并经过严格消毒的景泰蓝筷子送给你，并按照酒店的‘优惠价格’记在你的账上，你看好吗？”

这位外宾自然听出了服务小姐的弦外之音，在表示了一番谢意后，说自己多喝了两杯，头脑有点发晕，误将筷子插入了口袋。然后，外宾借此下“台阶”，说：“既然这种筷子没有消毒就不好使用，我就‘以旧换新’吧！”说着，取出内衣口袋里的筷子，恭恭敬敬地放回桌上。

人就是这样，你越是尊重他，给他面子，他就会表现出令人尊重的优秀的一面；如果你不给他面子，让他在众人面前现出不光彩的一面，那他就有可能真的做出不光彩的事来。

作家冯骥才在美国访问时，一位美国朋友带着儿子去看他。他们谈话间，那位壮如牛犊的孩子，爬上了冯骥才的床，站在上面拼命蹦跳。如果直截了当地请他下来，势必会使其父产生歉意，很没面子。于是，冯骥才便说了一句幽默的话："请你的儿子回到地球上来吧！"那位朋友说："好，我和他商量商量。"结果冯骥才既达到了目的又风趣地给了朋友面子。

人性很奇妙，可以吃闷亏，也可以吃明亏，但就是不能"丢面子"。而年轻人常犯的毛病是，自以为见解精辟，逮到机会就大发宏论，把别人批评得脸一阵红一阵白，图自己一时痛快，却不知这种举动已为自己的祸端铺了路。而那些老于世故的人，宁可高帽子一顶顶地送，也不轻易在公开场合说一句批评别人的话。你照顾别人面子，别人也会如法炮制，给足你面子，彼此心照不宣，尽兴而散。

民间有一句俗语，叫作"人在屋檐下，不得不低头"。意思是说人在权势、机会不如别人的时候，不能不低头退让。但对于这种情况，不同的人可能会采取不同的态度。有的人，借此取得休养生息的时间，以图将来东山再起，而绝不一味地消极乃至消沉；那些经不起困难和挫折的人，往往将此看作是事业的尽头，或是畏缩不前，不愿想法克服眼前的困难，只是一味地怨天尤人、听天由命。

所谓的"屋檐"，说明白些，就是别人的势力范围，换句话说，只要你在这势力范围之中，并且靠这势力生存，那么你就在别人的屋檐下了。这屋檐有的很高，任何人都可抬头站着，但这种屋檐不多，以人类容易排斥"非我族群"的天性来看，大部分的屋檐都是非常低的！也就是说，进入别人的势力范围时，你会受到很多有意无意地排斥和限制，这种情形在你的一生当中，至少会发生一次。除非你有自己的一片天空，你是个强人，不用靠别人来过日子。可是你能保证你一辈子都可以如此自由自在，不用在人屋檐下避避风雨吗？所以，在人屋檐下的心态就有必要调整了。

有人认为只要是在别人的屋檐下,就“一定”要厚起脸皮低下头,不用别人来提醒,也不用撞到屋檐了才低头。这是一种对客观环境的理性认知,没有丝毫勉强,所以根本不要有什么不好意思和放不下面子。这就是待人处世的基本宗旨。

“一定要低头”,起码有这样几个好处:不会因为不情愿低头而碰破了头;因为你很自然地就低下了头,而不致成为明显的目标;不会因为沉不住气而想把“屋檐”拆了。要知道,不管拆得掉拆不掉,你总要受伤的,因为老祖宗早就有“伤敌一千,自损八百”的古训。不会因为脖子太酸,忍受不了而离开能够躲风避雨的“屋檐”。离开不是不可以,但要去哪里?这是必须考虑的。而且离开想再回来,那是很不容易的。在“屋檐”下待久了,就有可能成为屋内的一员,甚至还有可能把屋内人赶出来,自己当主人。

历史上的政治斗争、军事斗争乃至权力斗争,极其复杂,有时更是瞬息万变,忍受暂时的屈辱,厚脸低头磨炼自己的意志,寻找合适的机会,也就成了一个成功者所必不可少的心理素质。所谓“尺蠖之曲,以求伸也,龙蛇之蛰,以求存也”正是这个意思。韩信忍胯下之辱正是这种“一定要低头”的最好体现。因为他不低头就会把自己弄到和地痞无赖同等的地步,奋起还击,闹出人命吃官司不说,很可能赔上性命。

另一种更高层次上的“一定要低头”,是有意识地主动消隐一个阶段,借这一阶段来了解各方面的情况,消除各方面的隐患,为将来的大举行动做好前期的准备工作。

隋朝的时候,隋炀帝十分残暴,各地农民起义风起云涌,隋朝的许多官员也纷纷倒戈,转投农民起义军,因此,隋炀帝的疑心很重,对朝中大臣,尤其是外藩重臣,更是易起疑心。唐国公李渊(即唐太祖)曾多次担任中央和地方官,所到之处,悉心接纳当地的英雄豪杰,多方树立恩德,因而声望很高,许多人都来归附。这样,大家都替他担心,怕遭到隋炀帝的猜忌。正在这时,隋炀帝下诏让李渊到他的行宫去晋见。李渊因病未能前往，隋炀帝很不高兴，多少有点猜疑之心。当时，李渊的外甥女王氏是隋炀帝的妃子，隋炀帝向她问起李渊未来朝见的原因，王氏回答说是因为病了，隋炀帝又问道："会死吗？"

王氏把这消息传给了李渊，李渊更加谨慎起来，他知道自己迟早为隋炀帝所不容，但过早起事又力量不足，只好缩头隐忍，等待时机。于是，他故意广纳贿赂，败坏自己的名声，整天沉湎于声色犬马之中，而且大肆张扬。隋炀帝听到这些，果然放松了对他的警惕。

试想，如果当初李渊不低头，或者头低得稍微有点勉强，很可能就被正猜疑他的隋炀帝杨广送上了断头台，哪里还会有后来的太原起兵和大唐帝国的建立。由此可见，李渊也是一位道行很高的厚黑之人。

"人在屋檐下"是待人处世经常遇到的情况，它会以很多不同的方式出现。当你看到了"屋檐"，请不要"不得不低头"，而要告诉自己："一定要低头！"

心灵悄悄话

XIN LING QIAO QIAO HUA

在待人处世中，"一定要低头"的目的是让自己与现实环境有和谐的关系，把二者的摩擦降至最低，是为了保存自己的能量，好走更长远的路，更为了把不利的环境转化成对你有利的力量，这是处世的一种柔性，一种权变，更是最高明的生存智慧。

得意时切勿骄傲

很多人经历了几番风雨几度挫折，才渐渐地地明白了：**一个人得意的时候，不可能处处胜于人，也不要安逸时以为什么都可以享受一辈子。**有得必有失，也许暂时的安逸，会让你遭到意料不到的天灾人祸。懂得这一道理的人，都应该收起“蛟龙腾跃嫉水窄，大鹏展翅恨天低”的自负；控制骄傲自满的情绪，经常反躬自省，才能功成名就。

那些小病小灾纠缠一生的人，往往长命百岁、安享天年；而那些无病无痛、大红大紫的人常常遽祸忽至，猝不及防。命运往往是无常的，做什么都要低调，留有余地。要在“得意”的时候，忧虑可能来临的“失意”，励精图治，发愤图强。不然只会像陈后主，朝不保夕，依然“隔江犹唱后庭花”。

南北朝时期，陈后主是陈朝的最后一个皇帝。唐代有位诗人有感于陈朝灭亡，写下一首七言绝句，说的就是陈后主不理朝政，骄奢淫逸：“商女不知亡国恨，隔江犹唱后庭花。”

本来陈后主即位之初政治比较清明，国家富强安定，可是这种情况持续的时间并不长，由于陈后主的骄傲自满，以为陈朝已经固若金汤，无需居安思危，所以终日花前月下，纵情酒色，放浪形骸，很快，起初的一代明君就变成了昏庸之君。

即位后不久，陈后主被弟弟叔陵所伤，终日在后宫养病，只留当时他最宠幸的张贵妃陪伴于身旁，将其他妃嫔包括皇后都摒斥在外。皇后沈婺华，出身显贵，父亲为陈朝重臣，母亲是陈朝开国皇帝陈霸先之女会稽穆公主，她聪明贤淑，精通诗书礼仪，但因羸弱多疾，后主对她还不及一般嫔妃，这样一来备受宠幸的张贵妃宠冠后宫。

陈后主修建许多富丽堂皇的宫殿，分别给张贵妃、孔贵妃等受宠的妃嫔居住。每日饮食起居均由这些人服侍，并且每次饮宴，都命诸妃嫔和女大士等吟诗作乐，选出较好的谱成歌曲，命上千名宫女习而歌之，轻歌曼舞终日弥漫整个后宫。

张贵妃得宠以后，陈后主越来越怠于政事，文武百官凡有奏章，都必通过宦官蔡脱儿、李善度等人才能达于帝前，而每次批政奏章，后主都与张贵妃共同定夺，张贵妃正好借此机会干预政事，朝中的大小事情没有她不了解的，后主见朝野上下的言论，张贵妃足不出宫的都了如指掌，更加对她宠幸。

可是后主并没有看到，政治形势的可危之处：朝中宦官佞臣，内外勾结，王公显贵，骄横不法，花钱买官者屡见不鲜。更有甚者，后宫犯法的，只要请张贵妃说情，后主往往都会既往不咎。荒于酒色的陈后主仍然没有意识到，"一时的兴旺并不代表一世的兴旺"，还继续过着骄奢淫逸的糜烂生活。

朝中正直的官吏实在看不下去了，上奏后主，阐明了朝中的混乱局势，并且极力陈述施文庆、沈客卿等人飞扬跋扈、专制朝政之举，可昏庸的后主已听不进任何忠言，先后将大臣毛喜贬谪出朝，右卫将军兼中书通事舍人傅縡赐死狱中。

耿直的大臣章华，上书后主说："陛下即位，于今5年，思先帝之艰难，不知天命之可畏，溺于嬖宠，惑于酒色。祠七庙而不出，拜妃嫔而临轩。老臣宿将，弃之草莽，升之朝廷。今疆场日蹙，隋军压境，陛下如不改邪归正，悔之晚矣！"

后主收到这样的奏章不但没有悔过自新，而且一怒之下将其斩首，朝中官员见后主如此暴虐，都明哲保身，三缄其口，一个本来兴旺发达的国家就被陈后主弄的岌岌可危了。他总以为自己是那个"得志"之人，而不知道"失意"之日已不远矣。

陈后主本来可以避免亡国，但是奸臣当道，嫔妃蛊惑，更加上他自己不知居安思危，最终导致国家灭亡。

其实，**只有站得高，才能够看得远**。赤橙黄绿青蓝紫，七彩人生，各色不同；酸甜苦辣咸，五种味道，品之不尽。没有一帆风顺的人生，如果一生无挫折，那就不叫作人生了。没有失败的尴尬和忍辱就没有成功的喜悦。古往今来，太多才高位高之人不是因为自身能力输于别人，而是因自己的功绩变得骄矜自恃，忘了“盛极必衰，物极必反”的道理，这样也终会被命运惩罚。

心灵悄悄话

XIN LING QIAO QIAO HUA

“盛极必衰，物极必反”，人生不可能一辈子都在顺境之中。为人的调子压得低，心态才能够修炼得静，这样的人才会在“得意”之时自省己身。

第二篇 虚心接受，听取他人意见

谦卑是一种睿智。许多人对牛顿晚年的一段话不解。他说，在科学面前，我只是一个在岸边捡石子的小孩。这并非伪逊，实为感叹。牛顿穷毕生之力，终于看到了宇宙的浩瀚无际，也看到了自己的局限性。爱因斯坦正是发现了牛顿古典力学在特定情形下的谬误后，才开创了相对论。这一点，牛顿即使活着也不会惊讶，因为他从不为创立了足称不朽的定律而狂妄。所有称得上大师的人，他们的创造力使他们谦卑。

如果在乞丐面前不够谦卑，证明他是一个有钱人；如果在世界的壮美面前仍不谦卑，则证明他是愚人。

谦让是一种美德

谦让，是一种胸怀、一种风度。谦让能给人一种如沐春风的亲切与温暖，能缓和紧张，消除尴尬，化解矛盾，化干戈为玉帛，是人与人之间友好相处的润滑剂。

谦让是一种美德，若想在眼前的实际生活里寻一个具体的例证，却不容易。类似谦让的事情近来似很难得发生一次。就个人的经验说，在一般宴会里，客人入席之际，我们最容易看见类似谦让的情形。

一群客人挤在客厅里，谁也不肯先坐，谁也不肯坐首座，好像“常常登上座，渐渐入祠堂”的道理是人人所不能忘的。于是你推我让，人声鼎沸。辈分小的，官职低的，垂着手远远地立在屋角，听候调遣。自以为有占首座或次座资格的人，无不攘臂而前，拉拉扯扯，不肯放过他们表现谦让的美德的机会。有的说：“我们叙齿，你年长！”有的说：“我常来，你是稀客！”有的说：“今天非你上座不可！”事实固然是为让座，但是当时的声浪和唾沫星子却都表示像在争座。主人腆着一张笑脸，偶然插一两句嘴，作鹭鸶笑。这场纷扰，要直到大家的兴致均已低落，该说的话差不多都已说完，然后急转直下，突然平息，本就该坐上座的人便去就了上座，并无苦恼之相，而往往是显得踌躇满志、顾盼自雄的样子。

我每次遇到这样谦让的场合，便首先想起《聊斋》上的一个故事：一伙人在热烈地让座，有一位扯着另一位的袖子，硬往上拉，被拉的人硬往后躲，双方势均力敌，突然间拉着袖子的手一松，被拉的那只胳臂猛然向后一缩，胳臂肘尖正撞在后面站着的一位驼背朋友的两只特别凸出的大门牙上，咯吱一声，双牙落地！我每忆起这个乐极生悲的故事，为明哲保身起见,在让座时我总躲得远远的。等风波过后,剩下的位置是我的,首座也可以,坐上去并不头晕,末座亦无妨,我也并不因此少吃一嘴。我不谦让。

让座之风之所以如此地盛行,其故有二。第一,让来让去,每人总有一个位置,所以一面谦让,一面稳有把握。假如主人宣布,位置只有12个,客人却有14位,那便没有让座之事了。第二,所让者是个虚荣,本来无关宏旨,凡是半径都是一般长,所以坐在任何位置(假如是圆桌)都可以享受同样的利益。假如明文规定,凡坐过首席若干次者,在得失上特别有利,我想让座的事情也就少了。我从不曾看见,在长途公共汽车车站售票的地方,如果没有木制的长栅栏,而还能够保留一点谦让之风;因此我发现了一般人处世的一条道理,那便是:可以无须让的时候,则无妨谦让一番,于人无利,于己无损;在该让的时候,则不谦让,以免损已:在应该不让的时候,则必定谦让,于已有利,于人无损。

小时候读到孔融让梨的故事,觉得实在难能可贵,自愧弗如。一只梨的大小,虽然是微不足道,但对于一个四五岁的孩子,其重要或者并不下于一个公务员之心理盘算简、荐、委。有人猜想,孔融那几天也许肚皮不好,怕吃生冷,乐得谦让一番。我不敢这样妄加揣测。不过我们要承认,利之所在,可以使人忘形,谦让不是一件容易的事。孔融让梨的故事,发扬光大起来,确有教育价值,可惜并未发生多少实际的效果:今之孔融,并不多见。

谦让作为一种仪式,并不是坏事,像天主教会选任主教时所举行的仪式就蛮有趣。就职的主教照例地当众谦逊三回,口说"nolocpiscopari",意即"我不要当主教",然后照例地敦促三回,终于勉为其难了。我觉得这样的仪式比宣誓就职之后再打通电声明固辞不获要好得多。谦让的仪式行久了之后,也许对于人心有潜移默化之功,使人在争权夺利奋不顾身之际,不知不觉地也举行起谦让的仪式。可惜我们人类的文明史尚短,潜移默化尚未能奏大效,露出原始人的狰狞面目的时候要比雍雍穆穆地举行谦让仪式的时候多些。我每次从公共汽车售票处杀进杀出,心里就想先王以礼治天下，实在有理。

谦让，是一种传统美德。公交车上，主动为他人让座，是一种谦让美；名利面前，不与他人相争，是一种谦让美……

法国东南部一个叫“爱归里”的小镇上，住着一对年逾八旬的老夫妇，他们家的花园里四季鲜花盛开，美不胜收。每天清晨，老先生会将一只塑料桶放在花园门口，里面插满了刚剪下来的鲜花，街坊邻里甚至是过路人，如果你爱花，都可以从塑料桶里拿取，只要向老夫妇说声“谢谢”就行了，不需付钱。

有一回我走过他们家，被美丽的花儿迷住了，忍不住称赞了几句，老先生便将大捧鲜花送到我手上，我想付钱，却被他阻止：“您已经付出了赞美声，现在就请享受鲜花的美丽吧。”后来我才知道，这对老夫妇是小镇上最受人关注的人物：每天都会有人向他们送上问候或赞美，向他们道谢；如果老夫妇有个头疼脑热，有人会主动开车送他们去医院；周末也总有壮劳力来他们家的花园里义务锄草、修理暖棚。在这中间，付出或得到的双方都显得那样心安理得。

记得有一年暑假，我临时搬入一处学生公寓，进门那天正逢星期日，所有的超市商店都关门，买不到一点吃的东西。当我无意中走进厨房时，只见冰箱上醒目地贴着一张纸条：“亲爱的朋友，我是在您之前住过这套房子的人，搬家时还留下些东西，但愿对您有用，请您注意查看食品保质期。祝您假期快乐！”于是我打开壁橱，找到了面粉、通心粉、食用油、调料、真空包装牛奶和一些餐具、餐巾纸，它们都分别用塑料袋包扎好，可见这位前房客还是个十分认真的人。我用这些东西给自己做了一顿美味的晚餐，却遗憾无法向这位雪中送炭的不知名的朋友道声“谢谢”。

此后我又几次去法国度假，每一回离开租借的住所时，我也会将那些还有用的东西整理好后留给下一位房客，比如衣架、餐具，比如清洁剂、卫生纸。我觉得只有这样做，才能弥补那年暑假里留给我的遗憾。

有一回去登阿尔卑斯山，半路上下起雨来，走在泥泞的山道上很是费劲。这时我看见身边的山石缝中插着一根竹制手杖，很显然是有人特意留给登山者的。果然不出所料，当我拔出手杖准备继续上山时，一对下山来的夫妇很自然地将手中已经完成任务的手杖插入了空出的石缝中，我望着他们的背影，心里好一阵感动。

爬到山顶上，雨过天晴，我将身上的雨披脱下来，抖干水珠叠好，放在那个让人休息的小木屋里，也许有一天某个登山者忘了带雨具，那么我的雨披就能为他遮风挡雨。我知道可能永远不会认识那个将用我雨披的人，我只是希望现在的举动能让自己以后心安理得地去接受他人为我带来的方便。

在欧洲许多经济发达的国家里，人们追求自我道德境界的提升已经远远超过对于金钱的计较，生活中利人利己的实用主义原则也被广泛接受，成为一种社会成员间约定俗成的共识。就像我们中国人常说的“人人为我，我为人人”或“与人方便，与己方便”一样，当你能做到随时随地为别人着想，那么也就自然可以毫无愧色地享受他人给你带来的好处，享受心安理得。

人与人之间的情感付出应该是双向的，只有这样，彼此间沟通的桥梁才能越来越坚固。

心灵悄悄话

XIN LING QIAO QIAO HUA

谦让，不同于怯懦。责任面前退缩、机会面前迟疑，不是谦让。在竞争激烈的现代社会，功名利禄面前谦让，责任重担面前担当，才是君子应有的风度。明智的人，懂得何时该退，何时该进。

善于接受他人的批评

一个人的观点永远不可能得到所有人的认可，而且无论你的主观意愿如何，你都会听到与你完全对立的意见。虽然我们强调要坚持自己，不要让别人的思想决定自己的行为，但是由于一个人的思维具有一定的狭隘性，不可能考虑得更加周全，所以很多时候也要善于听别人的反对意见，那样更能完善自己的观点，使自己受益无穷。如果一个人刚愎自用，拒谏饰非，一意孤行，从来不听任何人的意见，那么他只会自讨苦吃，永远无法抵达成功的彼岸。

古语云："闻过则喜，从善如流"。意思是说：当听到人家批评自己过错的时候，态度要冷静，考虑人家批评得是否正确，要反复检查自己是否错了，为什么会错。千万不可未经过深思熟虑，就表明态度，急于辩解，更千万不可未经过证实就认为人家的批评是恶意攻击。很多事情，都是当局者迷，这就需要旁观者来给予指正。总之，对待人家的批评，要虚怀若谷，认真反复思考，服从真理，如果事实是自己错了，就表示欢迎和感谢。这样就能够及时发现自己在生活或者工作中有哪些是说错做错了，可以及时改正，避免造成损失或者犯更大的错误。

例如《南辕北辙》的寓言故事中就是这样：

一人到楚国去，楚国在南边，可他偏往北走。别人指出他走错方向了，可这人说他的马好，旅费多，车夫本领高，结果越走越远。从这看出他是闭目塞听的人，自视甚高，自以为是，最后背道而驰。

刚愎自用的人认为自己是永远正确的，在他听到反对意见的时候，就非常生气和恼怒，认为那简直是对自己的侮辱。其实，环顾我们的周围，我们会十分明显地感到一点，要想使每个人都对自己满意，这是十分困难而且不大可能的。实际上，如果有50%的人对你感到满意，这就算一件令人愉悦的事情了。要知道，在你周围，至少有一半人会对你说的一半以上的话提出不同意见。只要看看西方的政治竞选就知道了：即使获胜者的选票占压倒多数，但也还有40%之多的人投了反对票。因此，对一般的常人来讲，不管你什么时候提出什么意见，有50%的人可能提出反对意见，这是一件十分正常的事情。

当你认识到这一点之后，你就可以从另一个角度来看待他人的反对意见。**当别人对你的话提出异议时，你也不会再因此而感到情绪消沉，或者为了赢得他人的赞许而即刻改变自己的观点。**相反，你会意识到自己刚巧碰到了属于与你意见不一致的50%中的一个人。只要认识到你的每一种情感、每一个观点、每一句话或每一件事都会遇到反对意见，那么你在听到别人的反对意见时就不会那么郁闷。

关于这一问题，美国总统林肯在白宫的一次谈话中曾说过：

“……如果要我读一遍针对我的各种指责。……更不用说逐一做出相应的辩解，那我还不如辞职算了。我在凭借自己的知识和能力而尽力工作，而且将始终不渝。如果事实证明我是正确的，那些反对意见就会不攻自破；如果事实最后证明我是错的，那么即使有十个天使起誓说我是正确的，也将无济于事。”

当你遇到反对意见时，你可以发展新的思想，提高自我价值。除此之外，为了不让自己成为刚愎自用的孤家寡人，你可以试着做以下几件具体的事情：

第一，在答复反对意见时，以“你”字开头。例如，你注意到爸爸不同意你的观点，并且开始生气了。不要立即改变自己的观点，也不要为自己辩解，仅仅回答说："你以为我的观点不对，所以你有些恼火。"这样将有助于你认识到，表示不赞同的是他，而不是你。在任何时候都可以用"你'字的办法，只要运用得法，会取得意想不到的效果。在讲话时，你一定要克制以"我"字开头的习惯做法，因为那样会将自己置于被动辩解的地位，或者会修正自己刚刚说过的话，以求为他人所接受。

第二，如果你认为某个人企图通过不给予赞许来支配你的思想，不要为了求得他的赞许便含糊其词，言不由衷，应该直截了当地向他大声说："通常我会改变观点，你要是不同意，那只有随你的便了。"或者可以说："我猜你是想让我改变我刚才所说的话。"提出自己的看法这一行动本身有助于你控制自己的思想和行为。

第三，别人如果提出有利于你发表的意见，尽管你可能不大欣赏，也还是应该表示感谢。表示感谢便消除了任何寻求赞许的因素。例如，你丈夫说你太害羞，他不喜欢你这样。不要因此就努力通过行动而使他满意，只要谢谢他给你指出这一问题便足够了。这样一来，就不存在寻求赞许的问题。

心灵悄悄话
XIN LING QIAO QIAO HUA

好言难得，兼听则明。一个从善如流的人，无论是什么人的批评或者建议，他都能洗耳恭听。正如明朝陈继儒所说："能受善言，如市人求利，寸积铢累，自成富翁。"所以，我们要善于倾听他人的反对意见，从而正确地审慎自己，做到无愧于心。

谦虚做人的学问

做人，是对自己世界观、人生观、价值观的理解与实践，是一门艺术和学问。人在社会，无时无刻不经受着做何种人、如何做人的考验。

从小，我就常听那些饱经世故的长辈们教训我："你的聪明是够了，可是，要想将来在事业上有成就，得好好地学做人呀！"他们不厌其烦地向我解说做人的行为，不外乎八面玲珑、左右逢源而已！

这类话我一律当作耳边风，而且，极端地反感。他们说："在社会上讲究的是'人事'，做人比做事重要多了！不会做人，只会做事，一辈子傻干也没有用。"当时，年轻而又倔傲的我，是不信这个邪的。

离开故乡，浪迹了几千里路，虚度了20年岁月。在困苦孤独而又空虚的境况中，虽然，我像一个蛮牛般有用不完的干劲，从不会向艰难屈服，一次又一次地迎接生活的挑战，顽强地走了过来。但是，我所付出的心力和我所应得的酬报，是不成比例的。再看看当年某些差劲的家伙，只凭着善观气色、吹拍逢迎的一套功夫，突然步步升高，跻身显要之列，岂能不让人气短？好在我自从读了一些无用之书，看了许多人生的戏剧之后，对于"富贵"二字，一向便不热衷，怀着一份寂寞的心情，走自己的路，就已够了。可是，来自各方面的嘲弄和压力，有时也真让我动摇、怀疑、苦恼，幸而，终于我没有随着潮流旋转。

进入了40岁，现在，我真正认清了做人的重要。我觉得，过去在生活中的种种磨炼，都是为了要让我加深对于做人的认识的。生命很短，几十年的时光在历史的长流中能算得了什么？谁能避免那最后的归宿呢？那么，在活着的时候，要不把握心灵的趋向，让真正的喜悦进入心中，那实在是太可怜了。而真正能使我们的心灵震颤的喜悦，每个人因为他的禀赋、环境和志趣的关系虽有所不同，可是，基本的前提是：他必须在做人的条件上站得住，才能有心安理得的满足。

真正的做人，当然不是“圆滑手段”的意思。“做人”是对人生意义的认识、肯定与实践。简单地说，就是要做一个有益于世的人，起码也要做一个无害于人的人。在这种苍茫的世界，若不能“有所为”，起码要“有所不为”。“有所为”往往受外在环境等因素影响，不是自己所能控制的，“有所不为”则全在自己操持着坚贞之一念，只要自己把握住人生的方向，应该是可以做到的。这是做人的最低要求。“做人”不能从这条线再向后退了！

现在，我也能看清自己的优点和缺点了。我是“理想主义”的人。但，在现实中我却不能摆脱许多人事的牵绊，时常沉陷在挣扎之中艰难破茧而出。将来能不能做点事情出来？很没有把握？不过，我对做人的基本蓝图，已经设计好了。第一，我甘于做一个“理想主义者”。我不会在乎别人的嘲弄或批评了！如果人家要笑我天真，骂我无用，我愿意坦然承受。我认为这种嘲骂是另一种形式的颂扬，世界上现实型的人物太多了，应该有少数理想主义者存在，要不，这世界真是一片荒原了。可是，我虽然向往理想主义者的风范，我算是什么呢？顶多触及他们的边境而已！第二，我的理想主义要经由文学创作呈现出来。我喜欢文学，不是少年时代把文学作为装饰品那样，不是青年时代要借文学来出风头那样。我现在对于文学的认识是：文学，就是一种生命方式，就是一种服务人群的手段。将来在文学上有没有成绩？我不必关心。因为文学本身就是最高的愉悦。我的作品在服务人群方面能有多少力量？我不必关心。因为做一点就是一点，做就比不做好。第三，我绝不能做没有原则的事。顺应世俗，随波逐流，既然不是我的本性所能容受的，那么长的一段寂寞途程我已经走过了，岂能在不惑之年再惑？爱惜羽毛，让一个清白的身子归向自然吧！

做人！做人！做人太重要。每个人都该选定他做人的方向。我这样

选定了，便将坚守下去，死生不渝。

有所为有所不为，这是做人原则的体现。真正地会做人，不是左右逢源、见风使舵、攀龙附凤，而是“质本洁来还洁去”的对于高尚道德情操的坚守，是“桃李不言，下自成蹊”的人格魅力的展现。

人敬我一尺，我敬人一丈，处世当先学会做人。做何种人，你想好了吗，在实践中坚持了吗？

会做人，正确的理解应是深谙为人处世之道，能够坚守自己做人的准则和道德底线。善用心机或者不谙人情世故，都不是“会做人”。

在我所熟悉的一条著名的峡谷里，很有些吸引游客的景观：有溶洞，有天桥，有惊险的“老虎嘴”，有平坦的“情侣石”，有粉红的海棠花，有螫人的蝎子草，还有伴人照相的狗。

狗们都很英俊，出身未必名贵，但上相，黄色卷毛者居多。狗脖子上拴着绸子、铃铛什么的，有颜色又有响声，被训练得善解人意且颇有涵养，可随游客的愿望而做出一些姿势；比如游客拍照时要求狗与之亲热些，狗便抬爪挽住游客胳膊并将狗头歪向游客；比如游客希望狗恭顺些，狗便卧在游客脚前做俯首帖耳状。狗们日复一日地重复着亲热和恭顺，久而久之它们的恭顺里就带上了几分因娴熟而生的油滑，它们的亲热里就带上了几分因疲惫而生的木然。当镜头已对准它与它的合作者——游客，而快门即将按动时，就保不准狗会张开狗嘴打一个大而乏的哈欠。有游客怜惜道：“看把这些狗累的。”便另有游客道：“什么东西跟人在一块儿待长了也累。”

如此说，最累的莫过于做人。做人累，这累甚至于牵连了不谙人事的狗。又有人说，做人累就累在多一条会说话的舌头。不能说这话毫无道理：想想我们由小到大，谁不是在听着各式各样的舌头对我们各式各样的说法中一岁岁地长大起来？少年时你若经常沉默不语，定有人会说这孩子怕是有些呆傻；你若活泼好动，定有人会说这孩子打小就这么疯，长大还得了么？你若表示礼貌逢人便打招呼，说不定有人说你会来事儿；你若见人躲着走说不定就有人断言你干了什么不光彩的事。你长大了，长到了自立谋生的年龄，你谋得一份工作一心想努力干下去，你抢着为办公室打开水就可能有人说你是为了提升；你为工作给领导出谋献策，就可能有人说你显摆自己能。遇见两位熟人闹别扭你去劝阻，可能有人说你和稀泥，若你直言哪位同事工作中的差错，还得有人说你冒充明白人。你受了表扬喜形于色便有人说你肤浅，你受了表扬面容平静便有人说你故作深沉。开会时话多了可能是热衷于表现自己，开会时不说话必然是诱敌出洞城府太深。适逢激动人心的场面你眼含热泪可能是装腔作势，适逢激动人心的场面你没有热泪就肯定是冷酷的心。你赞美别人是天生爱奉承，你从不赞美别人是目空一切以我为中心。你笑多了是轻薄，你不笑八成有人就说整天像谁该着你二百吊钱。你尽可能宽容、友善地对待大家，不刻薄也不猥琐，不轻浮也不深沉，不瞎施奉承也不目空一切，不表现自己也不城府太深，不和稀泥也不冒充明白人。遇事多替他人着想，有一点儿委屈就自己兜着，让时光冲淡委屈带给你的不悦的一瞬，你盼望人与人之间多些理解，健康、文明的气息应该在文明的时代充溢，豁达、明快的心地应该属于每一个崇尚现代文明的人。但你千万不要以为如此旁人便挑不出毛病，便没有舌头给你下定语，这时有舌头会说你“会做人”。

做人，是一门学问。

心灵悄悄话
XIN LING QIAO QIAO HUA

一个人无论做什么，能以能力让人喜欢，以人品让人尊敬，以魅力让人崇拜，就是难得。“立身”是一辈子的事情，没有必要太在意他人的评价，因为每个人都有自己衡量事物的标尺。凡事合乎社会道德，对得起自己的良心，“是非审之于己，毁誉听之于人，得失安之于数”，就可以泰然处世了。

勇于承认自己的错误

“人非圣贤，孰能无过”，面对自己所犯的错误，每个人都有不同的做法：一些人可能会采取掩饰的方式，千方百计地推卸责任；而有些人却能勇敢地承认自己的错误，因此也受到了大家的欢迎和尊重。所以**当我们发现自己的错误时，我们就要主动承认它，只有改掉了坏习惯，我们每个人才可能进步。**

卡耐基写完了最后一页纸，来到窗前，伸伸懒腰，准备出去散步。“好久没有看到这样的阳光了，到公园里去走一走该有多舒服呀！”卡耐基心里对自己说，他决定出去散步。在经过公寓房东的房门时，他看见了一条波士顿斗牛犬，那是房东的宠物。

房东让卡耐基带着这条名叫雷斯的狗出去散步。因为卡耐基没有给狗系上链子，也没有戴上口罩，所以雷斯特别欢，让卡耐基也感到很开心。但是，没想到，竟然招来了祸事。

在公园里，卡耐基碰上了一位骑着马的巡警。警察骑在红棕色的马上，身上的铜扣在阳光下闪闪发光，看上去显得威风凛凛，警察更是一副好像要迫不及待地表现出权威的样子，厉声问道：“这位公民，你为什么让你的狗跑来跑去，不给它系上链子或戴上口罩？”

卡耐基不禁一怔，他醒悟到自己的粗心大意，但是无言以时。

警察可不管这么多，他申斥道：“难道你不知道这是违法的吗？”

“是的，我知道，”卡耐基赶忙轻柔地回答，“不过，我认为它不至于在这儿咬人。”

"你不认为！你不认为！法律是不管你怎么认为的。它可能在这里咬死松鼠，或咬伤小孩。这次我不追究，但假如下回我看到这条狗没有系上链子或套上口罩在公园里的话，你就必须去跟法官解释啦！"

卡耐基心平气和地答应遵命照办，但他等警察一走，就带着雷斯跑到附近的另外一个森林公园。小狗在小山坡上撒欢的时候，又给另一位警官碰上了。这一下，卡耐基知道自己逃脱不了，未等警察开口，就首先认错："我有罪，我没有托词，没有借口了。刚才有位警官先生警告过我，若是再带小狗出来而不给它戴口罩他就要罚我。"

"好说，好说，"警官回答的声调很温和，"我知道在人少的时候，谁都忍不住要带这么一条小狗出来玩玩。"

"的确是忍不住，"卡耐基回答，"但这是违法的。"

"像这样的小狗大概不会咬伤别人吧，"警官反而为他开脱。

"不，它可能会咬死松鼠，"卡耐基连忙补充。

"哦，先生，你把事情看得太严重了，"警官告诉卡耐基，"我们这样办吧。你只让你的狗跑过小山坡我看不见的地方——事情就算结束了。"

卡耐基在这场语言交流中，抓住了警察的心理，他认为警察也是一个人，"他要的是一种重要人物的感觉，因此当我责怪自己的时候，唯一能增强他自尊心的方法就是以宽容的态度表现慈悲。"但是，"如果我有意为自己辩护，就像刚才那样的话，结果是很明显的了。"

即使傻瓜也会为自己的错误辩护，但能承认自己错误的人，就会获得他人的尊重，而使他人有一种高贵怡然的感觉。如我们是对的，就要说服别人同意。而我们错了，就应很快地承认，而这也是一种虚心的表现。

生活中，没有一个人不会犯错，犯错没关系，关键是你有没有勇气敢于承认自己的错误。达尔文曾经说过："任何改正都是进步"，歌德也说过："最大的幸福在于我们的缺点得到纠正和我们的错误得到补救"。

费丁南·华伦是一位商业艺术家，他就是使用了"错了就立即承认"

的技巧，从而赢得了一位暴躁易怒的艺术品顾主的好印象。

“简洁明快，是为广告及出版物作画的最重要的原则。”华伦先生讲这故事的时候说。“有些美术编辑要求将他们交代的工作立即做好。在这种情况下，出现细小的错误就在所难免。我认识的某位美术主任。总是喜欢鸡蛋里面挑骨头，我每次离开他的办公室时，总是会感到不舒服，这并不是因为他的批评，而是因为他攻击我的方法。最近，我交了一份万分火急的画稿给这位主任，他打电话让我立刻赶到他的办公室，说是出了问题。当我赶到那儿时，不出我所料——麻烦事来了。他满怀敌意，正得意有了挑我毛病的机会。他恶意地质问我为什么如此如此。我一看，这正好是运用我新学到的自我认错方法的大好机会，于是我说：“主任先生，如果你说的是真的，那么我错了。对于我的过失，我绝无推托之意。我为你作画这么多年，应该知道如何做才会更好些，我自己也觉得很惭愧。”

“他立刻开始为我辩护了。‘是的，你说得没错，但这毕竟还不是一个严重的错误。只不过是——”’

“我打断了他。‘无论什么错误，’我说，‘我都必须为此付出代价，否则会使人觉得讨厌。’”

“他想要插嘴，但我没有给他机会。我很高兴。我有生以来第一次在批评自己——我很喜欢这样做。”

“‘我今后应该更小心些，’我继续说。‘你给我了许多工作机会，我应尽力做得更好。所以，我要重画一次。’”

“‘不！不！’他反对说。‘我绝不想那样麻烦你。’他称赞了我的作品，并且对我说，他只不过是想做个小小的改动，我这点儿小错对他的公司没有什么损失——而且，那毕竟不过是一个小细节，不值得担心。”

“我急切地自我批评，使他怒气全消。最后，他还请我吃了午饭，在我们分手以前，他又给了我一张支票，并交给我另外一件工作。”

从上面的例子可以看出，**只要一个人主动承认错误，那么谈判的结局**

就会比较愉快。而且，主动承认错误的一方并不一定就是谈判中失败的那方。

当我们正确的时候，我们要温和地、巧妙地得到人们对我们的同意；当我们出现错误的时候——如果我们对自己诚实，我们要及时承认我们的错误。这种方法不仅仅只是产生惊人的效果，而且比我们为自己辩护更有趣味。因为它是用一颗真诚的心、一颗敢于承认错误的心而承认自己的错误，这样的心态会使我们得到人们的认可，得到人们的爱戴。

勇于承认自己的错误，那些不计其数已酿的错误将会渐渐远离自己。正如天空能容纳每一片云彩，不论其美丑，所以天空才能广阔无比；又如高山能容纳每一块岩石，不论其大小，才得自身的雄壮无比。我们也要敢于承认自己的错误，做一个心胸宽广的人。坦诚自己的错误，为自己赢得更广阔的空间。

心灵悄悄话
XIN LING QIAO QIAO HUA

当我们不小心犯了某种错误时，逃避并没有任何实质意义，最好的办法是坦率地承认和检讨，并尽可能快地对事情进行补救，只有这样才能"柳暗花明又一村"。

谦卑的人有福

厚，是长麦子的土壤之厚，墙体挡风之厚。厚德而后载物，做人达到这样的境界，已然得道。**厚道，是以诚相待、大度宽容，是谦逊礼让、诚实守信**。厚道，是一种处事原则，是一种美德，是做人本色的体现。

厚道的人，懂得谦卑，如空谷幽兰，总是散发着淡淡的芬芳。他们往往大智若愚，不喜张扬，却有锐气藏于胸，抱负寓于怀。

契诃夫说：有教养不是吃饭不撒汤，是别人撒汤的时候别去看他。

有一个相似的美国俗语说：犯过错不是稀奇事，稀奇的是别人犯错的时候别去讥笑他。

“别去看他”和“别去讥笑他”是一种做人风范，在中国叫作“厚道”。

厚道不是方法，虽然可以当方法训练自己，但它是人的本性。厚道之于人，是在什么也没做之中做了很大的事情，契诃夫称之为“教养”。

如果美德分为显性和隐性，厚道更具有隐性特征。

厚道不是愚钝，尽管很多时候像愚钝。所谓“贵人话语迟”，迟在对一个人一件事的评价沉着，君子讷于言。尤其在别人蒙羞之际，“迟”的评价保全了别人的面子。真正的愚钝是不明曲直，而厚道乃是明白而又心存善良，以宽容给别人一个补救的机会。

厚道者能沉得住气。厚道不一定得到厚道的回报，但厚道之为厚道就在于不图回报，随他去。急功近利的人远离厚道。

在人际交往上，厚道是基石。它并非一时一事的犀利，是别人经过回味的赞赏。处世本无方法，也总有一些高明超越的方法，那就是品格。品格可以发光，方法只是工具。厚道是经得起考验的高尚品格。

厚道是河水深层的潜流，它有力量。但表面不起波浪。

厚道是有主张。和稀泥、做好人，是乖巧之表现，与“厚”无关。无准则、无界限，是糊涂之表现，与“道”无关。厚道的人有可能倔强，也可能不入俗境，宁可憨，而不巧。

天行健，君子以自强不息；地势坤，君子以厚德载物。闽南语有：“天公疼憨仔”，称赞的就是厚道的人。厚道的人，当基层员工让人喜欢，当中层管理让人尊敬，当高层领导让人崇拜，是可堪重任的将才。

先民造出庙宇叩拜的理由之一，在于表达自己对造物主的谦卑。造物主抑或就是大自然本身。他们谦卑，是生活中的种种奇迹——譬如土地上生长庄稼，清澈的河水可供饮用，孩子们健康成长——在表明，人的存在并不仅由人的力量完成。

于是他们谦卑，伏在地上，期望使庄稼明年继续生长，让孩子们的孩子依然健康。

如果不讨论被膜拜的一方，我们所感动的，是先民对待周遭的姿态：虔诚、恭顺以及明智的位置选择。

谦卑正是一种姿态。

如果认识到人在自然环境中是一员而不是一霸，认识到自己在知识的疆域中的距离，认识到气象蔼然是别人最喜欢的一张名片，那就会选择谦卑。

谦卑是找准了自己的位置。一个人在时代、事业与家庭中都有一个最合适的位置。聪明的人最清楚自己的位置在哪里，坐下来，像观赏电影一样展开自己的人生。而另一些人，终生都在找位置，而无暇坐下来做应做的事情。无论在什么样的际遇里，你只要谦卑，生活的位置就会向你显示出来。

懂得谦卑的人，才是真正伟大的人。泰戈尔说：“当我们大为谦卑的时候，便是我们最接近伟大的时候。”

“好学若饥，谦卑若愚。求知若渴，大智若愚。”谦卑才能彰显真知，才能赢得人心，才能始终立于不败之地。

生活中,人与人之间总会有一些摩擦。如果把这些琐事当是非的话,你就会有生不完的气。可能有时候别人的一句无心之语,却被你当成了挑刺、找碴,结果一头栽入了是非的泥潭中。还有的时候,确实是他人有心伤害你,但你的反击却产生了“越描越黑”的效果,事情没澄清,却惹来一肚子气。其实在一些非原则性的是是非非面前,我们无须去计较什么,心胸开阔一点,时间自然会替我们证明。

迈克尔·乔丹这位球艺精湛的著名球星,也是一位胸怀宽广、欣赏自己的对手并善于向竞争对手学习的人。

很多年前的一场NBA决赛中,NBA中的另一位新秀皮蓬独得33分,超过乔丹3分,成为公牛队中比赛得分首次超过乔丹的球员。比赛结束后,乔丹与皮蓬紧紧拥抱,两人泪光闪闪。

其实在开始的时候,由于皮蓬是公牛队中最有希望超越乔丹的新秀,他便时常流露出一种对乔丹的不屑神情,还经常说乔丹在某方面不如自己,自己一定会推翻乔丹在公牛队的首席位置这一类话。但乔丹却没有把皮蓬当作潜在的威胁而排挤皮蓬,而是以欣赏的态度处处对皮蓬加以鼓励。

有一次,乔丹对皮蓬说:“我俩的三分球谁投得好?”皮蓬有点心不在焉地回答:“你明知故问什么,当然是你。”因为那时乔丹的三分球成功率是28.6%,而皮蓬是26.4%。但乔丹却微笑着说:“不,是你!你投三分球的动作规范、自然,很有天赋,以后一定会投得更好,而我投三分球还有很多弱点。”并且还对他说,“我扣篮多用右手,习惯地用左手帮一下,而你,左右都行。”这一细节连皮蓬都不知道,他深深地被乔丹的真诚所感动。

从那以后,皮蓬不再把乔丹当成对手,两人彼此欣赏对方,相互学习成了最好的朋友。乔丹不仅以球艺,更以他那坦然无私的广阔胸襟,赢得了所有人的拥护和尊重,包括他的对手。

与人相处,常会产生一些小矛盾。千万不要做一个小肚鸡肠、神经过敏的人,否则你就会闲气缠身,是非不断,一个心胸狭窄的人在社会上是永远吃不开的。而心胸开阔者从不纠缠于小事,凡事不过分苛求,所以每每能够成就大业。

宋朝的吕蒙正,不喜欢与人斤斤计较,他刚任宰相时,有一位官员在帘子后面指着他对别人说:“这个无名小子也配当宰相吗?”吕蒙正假装没听见,大步走了过去。其他参政为他愤愤不平,准备去查问是什么人敢如此胆大包天,吕蒙正知道后,急忙阻止了他们。

散朝后,那些参政还感到不满,后悔刚才没有找出那个人。吕蒙正对他们说:“如果知道了他的姓名,那么就一辈子也忘不掉。这样的话,耿耿于怀,多么不好啊!所以千万不要去查问此人姓甚名谁。其实,不知道他是谁,对我并没有什么损失呀。”当时的人都佩服他气量大。

当别人说你两句,就让他说吧,又无伤筋骨。非要和别人较劲,不是给自己找难受吗?做人是这样,做事情也是这样。不过分吹毛求疵、凡事皆留有回旋的余地,对微末枝节的小事姑且放过,这乃是大部分人的处世为人的信条。

生活中,我们有时会被人污蔑,名誉遭人诋毁,这时你也不必太过烦恼,我们不能每时每事都让人相信我们的清白,这时何不心胸开阔点呢?切记,不要让是非影响了我们的生活。

日本的白隐禅师是一位修行有道的高僧。有一对夫妇,在白隐禅师住处附近开了一个水产店,他们有一个漂亮的女儿。无意间,夫妇俩发现女儿的肚子无缘无故地大起来。这种见不得人的事,使得她的父母极度震怒异常!在父母的一再逼问下,她终于吞吞吐吐地说出“白隐”两个字。

这对夫妻怒不可遏地去找白隐理论,白隐静静地听完了对方的辱骂,只淡淡地应道:“就是这样吗?”可事情并没有完,等那姑娘肚中的孩子降生后,姑娘的父母竟毫不犹豫地将婴儿送给了白隐。这着实是一件让白隐禅师难堪的事。

这位白隐禅师尽管名誉扫地,但并不介意,他没有任何辩解,只是认真、细心地照顾着孩子——他向邻居乞求婴儿所需的奶水,买来其他婴儿用品,虽不免横遭白眼,或是冷嘲热讽,但他总是处之泰然,仿佛他是受人之托抚养别人的孩子一般,他只想让那个孩子一天天健康、快乐地成长。

一年后,那位未婚妈妈感到良心不安,终于不忍心再欺瞒下去了,她老老实实向父母吐露了真情:孩子的生父是在鱼市工作的一名青年。于是姑娘的父母羞愧万分地去跟白隐禅师赔礼道歉,并抱回孩子。

白隐仍然是淡然如水,在交回孩子时仍然只是轻轻说道:“就是这样吗?”

生活中,我们常常被别人误会和指责,如果你事事都去解释或还击,往往会使事情越闹越大。

心灵悄悄话
XIN LING QIAO QIAO HUA

谦卑是一种待人处世的态度,是品德修养的重要体现;谦卑是放下身段,是理解、包容、不张狂;谦卑是忍耐、坚持,是以柔克刚;谦卑是难得糊涂,是大智若愚;谦卑是有所为有所不为,是己所不欲勿施于人。

在低调谦虚中成就自己

古人说:“三人行,必有我师。”无论是在他人的经验中或书本上,只要自己养成随时学习的习惯,就能够获取更多的知识。永不骄傲自满,是最好的学习态度。**学海无涯,艺无止境。知识的不断充实与丰富,完全有赖于自身的不断努力和谦虚谨慎的良好心态。**想让自己在这无涯的学海中搏击风浪,拼搏进取吗?那好,从现在开始培养谦虚谨慎的良好品质吧!

凡是文明的民族、礼仪之邦,均注重培养做人要谦虚的良好品质,做事要谨慎的良好习惯。

如果你的计划很远大,很难一下子达到,那么,在别人称赞你的时候,你就把现在的成功与你那远大的计划比较一下,相比将来的宏伟蓝图,你现在的成功还只是万里长征的第一步,根本不值得去夸耀。这样一想,你就不会对此前的一点小成就沾沾自喜了。

洛克菲勒在谈到他早年创业时,曾这样说道:“等我的事业渐渐有些起色的时候,我每晚睡觉前,总是这样对自己说:‘现在你有了一点点成就,你一定不要因此自高自大,否则,你就会站不住,就会跌倒的。因为你有了一点开始,便俨然以为是一个大商人了。你要当心,要坚持着前进,否则你便会头脑发晕了。我觉得我对自己进行这样亲切的谈话,对于我的一生都有很大的影响。我恐怕我受不住我成功的冲击,便训练我自己不要为一些蠢思想所蛊惑,觉得自己有多么了不起。”

正因为有了这种时刻保持清醒的理智心理，洛克菲勒的事业才得以稳步发展，日臻兴盛。

有许多人之所以失败，不是因为他的能力不够，而是因为他觉得自己已经非常成功了。他们努力过，奋斗过，战胜过不知多少的艰难困苦、流血牺牲，凭着自己的意志和努力，使许多看起来不可能的事情都成了现实；然后当他们取得了一点小小的成功，便经受不住考验了。他们懒怠起来，放松了对自己的要求，往后慢慢地下滑，最后跌倒了。在古往今来的历史上，被荣誉和奖赏冲昏了头脑而从此懈怠懒散下去，终至一无所成的人，真不知有多少。

也许在很多人看来，低调意味着一种安于平淡，没有什么追求的生活态度。这样的生活态度是绝对不会取得成功的。其实，低调绝对不是意味着让人没有理想，没有追求。事实上，采取低调处世的人往往才最明白自己要的是什么。他们对自己的目标已经深思熟虑，要用最快捷的手段达到这一目的。

谢安是晋朝人，出身名门望族，他的祖父谢衡以儒学而名满天下，官至国子祭酒。父亲谢裒，官至太常卿。谢安少年时就很有名气，东晋初年的不少名士如王导、桓彝等人都很器重他。谢安思想敏锐深刻，风度优雅，举止沉着镇定，而且能写一手漂亮的行书。谢安从不想凭借出身和名望获得高官厚禄。朝廷先征召他入司徒府，接着又任命他为佐著作郎，都被他以身体上有疾病给推辞掉了。

后来，谢安干脆隐居到了会稽的东山，与王羲之、支道林、许询等人游玩于山水之间，不愿当官。当时的扬州刺史庾冰仰慕谢安，好几次命郡县官吏催逼，谢安不得已勉强应召。只过了一个多月，他又辞职回到了会稽；后来，朝廷又曾多次征召，他仍一一回绝。这引起了很多大臣的不满，纷纷上书要求永远不让谢安做官，朝廷考虑了各方面的利害关系后，没有答应。

谢万是谢安的弟弟，也很有才气，仕途通达，颇有名气，只是气度不如谢安，经常自我炫耀。公元 358 年，谢安的哥哥谢奕去世，谢万被任命为西中郎将，监司、豫、冀、并四州诸军事，兼任豫州刺史。然而谢万却不善统兵作战，受命北征时仍然只知自命清高，不知抚慰部将。谢安对弟弟的做法很是忧虑，对他说："你身为元帅，应该经常和各个将领交交心，来获得他们的拥护。像你这样傲慢，怎么能够做大事呢？"

谢万听了哥哥的话，召集了诸将，可是平时滔滔不绝的谢万竟连一句话都讲不出，最后干脆用手中的铁如意指着在座的将领说："诸将都是厉害的兵。"这样傲慢的话不仅没有起到抚慰将领的作用，反而使他们更加怨恨。谢安没有办法，只好代替谢万，亲自一个个拜访诸位将领，加以抚慰，请他们尽力协助谢万，但这并未能挽救谢万失败的命运，损兵折将的谢万不久就被贬为庶人。

谢奕病死，谢万被废，使谢氏家族的权势受到了很大威胁，终于迫使谢安进入仕途。公元 360 年，征西大将军桓温邀请谢安担任自己的司马一职，他接受了。这件事引起了朝野轰动，还有人嘲讽他此前不愿做官的意愿。而谢安毫不介意。桓温却十分兴奋，一次谢安去他家做客，告辞后，桓温竟然自豪地对手下人说："你们以前见过我有这样的客人吗？"

咸安二年（公元 372 年），简文帝即位不到一年就死去，太子司马曜即位，是为孝武帝。桓温原以为简文帝会把皇位传给自己，大失所望，便以进京祭奠简文帝为由，率军来到建康城外，准备杀大臣以立威。他在新亭预先埋伏了兵士，下令召见谢安和王坦之。王坦之非常害怕，问谢安怎么办，谢安却神情坦然地说："晋的存亡，就在此次一行了。"王坦之只好硬着头皮与谢安一起去。他们出城来到桓温营帐，王坦之十分紧张，汗流浃背，把衣衫都沾湿了，手中的笏板也拿倒了。而谢安却从容不迫，就座后神色自若地对桓温说："我听说有道的诸侯只是设守卫在四方，您又何必在幕后埋伏士兵呢？"桓温听后很尴尬，只好下令撤除了埋伏。由于谢安的机智和镇定，桓温始终没敢对二人下手，不久就退回了姑孰，这场迫在眉睫的危机被谢安从容化解了。

公元 383 年，前秦苻坚率军南下，想要吞灭东晋，一统天下。建康城里一片恐慌，谢安还是那样镇定自若，以征讨大都督的身份负责军事。桓冲担心健康的安危，派三千精锐兵马前来协助保卫京师，被谢安拒绝了。谢玄也心中忐忑，临行前向谢安询问对策，谢安只答了一句："我已经安排好了。"便绝口不谈军事。

淝水之战后，当晋军大败前秦的捷报送到谢安手中时，他正与客人下棋。他看完捷报，随手放在座位旁，不动声色地继续下棋。客人忍不住问他，他只是淡淡地说："没什么，已经打败敌人了。"直到下完了棋，客人告辞后，谢安才抑不住心中的喜悦，进入内室，手舞足蹈起来，把木屐底上的屐齿都弄断了。

谢安低调，并不是说没有自己的追求，而是为了达到长远目标的有效手段。这种低调的态度为他赢得了很多人的尊敬和拥护，对于他能登上高位很有帮助。其实，**在我们的生活中也是这样，采取高调张扬的态度，只能得到一些眼前的好处，而低调的长远经营，才能达到一个重大的目标。**

低调处世，无疑会使人们在走向自己目标的路上减去很多不必要的麻烦。真正成功的人，当他保持低调的平淡时，也肯定不同于一般庸碌之人，而是由此到达那些高调张扬的人所不能达到的巅峰。

心灵悄悄话
XIN LING QIAO QIAO HUA

你能够承受得住突然的成功吗？要衡量一个人是否真正能有所成就，就要看他能否有这种承受的能力。福特说："那些自以为做了很多事的人，便不会再有什么奋斗的决心。"所以，要想成功，就不要整天目中无人，而是要低调处世、谦虚对待周围的人！

谦虚的闪光点

有些过于“聪明”的人总想让自己才华毕露，所以只要遇到一展才华的机会，都不会放过。**没人能一生一切顺利，那些“才华横溢”的人会把微小的才干也显露出来，使它成为自己身上的发光点，觉得自己的“卓著才能”显示出来时，才能够令人震惊，然而事实却往往相反。**

一位留美的计算机博士在美国找工作。他以为有个博士头衔，求职的标准当然不能低。没想到，他连连碰壁，好多家公司都没录用他。思来想去，他决定收起所有的学位证明，以一种“最低身份”去求职。不久他就被一家公司录用为程序输入员。这对他来说简直是大材小用，但他仍然干得认认真真，一点儿也不马虎。

不久，老板发现他能看出程序中的错误，不是一般的程序输入员可比的。这时他才亮出了学士证，老板给他换了个与大学毕业生相称的工作。过了一段时间，老板发现他时常提出一些独到的有价值的建议，远比一般大学生要强。这时他亮出了硕士证书，老板又提升了他。再过了一段时间，老板觉得他还是与别人不一样，就对他“质询”，此时他才拿出了博士证。这时老板对他的水平已有了全面的认识，毫不犹豫地重用了他。这位博士最后的职位，也就是他最初理想的目标。

这个博士的做法是聪明的，他事先低头，然后寻找机会全面地发展自己的才华，让别人一次又一次地对他刮目相看。可见，**越是有涵养、稳重的成功人士，越懂得保持低调，放下自己的身价。古代人也同样如此。**

张良是秦末汉初谋士、大臣，祖先五代相韩。秦灭韩之后，张良遣散三百家僮，变卖了自己的所有家产，用来收买刺客，在博浪沙狙击秦王未遂，秦王大为震怒，命令在全国各地大举搜捕，捉拿刺客。无奈之下，张良改名换姓，逃亡到下邳(今江苏睢宁西北)躲藏起来。张良的流亡生活就开始了，这可能是张良人生的低谷。

张良在下邳，不敢让人知道行踪，心中的抑郁难以舒展，于是就喜欢去住所附近散散步。有一天，他闲逛漫步，走到一座桥上，迎面走来一个穿布短衣的老者。张良侧身让老者先过，谁知，那个老者走到张良跟前时，竟然故意将自己的鞋子丢到桥下。并且，还毫不客气地喝令张良："小子，下桥去把我的鞋取上来。"

张良本来见老者故意将鞋扔到桥下，觉得好生诧异。现在又见他命令自己下去拾鞋，心里很是气愤，正想转头就走。后又一想，看在老者年纪很大的份上，就强压住心里的怒气，到桥下把鞋子捡了上来，正要递给老者，谁知那老者竟然不伸手去接，还毫不客气地对张良道："既然捡上来了，就给我穿上吧。"

听了这样的话，张良更是怒气冲天，不过转念一想，既然都已经帮他捡了鞋，再帮他穿上也无所谓。于是，就跪着替老者将鞋穿好。老者也不客气，伸腿去穿。张良"低头"给老者穿鞋却连句谢谢都没有换来。老者只是笑了笑，抬腿就走了。没走多远，老者又背着手拐了回来，对张良说："孺子可教也，5 天后的早上，还在这里会面。"

张良虽然心里觉得有些蹊跷，但也没有多想，就满口答应了。

5 天后，天刚刚亮，张良来到桥上，老者已经在那里了。见到张良，老者生气地指责他："和长者相约，你小子却晚到了，太不像话了！现在回去，5 天后，早点过来。"

第二次，鸡刚啼鸣，张良就前往赴约，可等他赶到桥上时，老者又已站在桥上等他。老者转身就走，生气地说："你的架子好大啊，总要一个老人家等你。过 5 天再早点来。"

又过了5日，张良半夜就出发了，这一次终于赶在老者的前面到了桥上。

过了一会儿，老者来了，看见张良后很高兴，笑眯眯地说："这一次没有失约，这样做才对呀。如果你在长者面前都不能够做到谦卑，那么又怎么能够成大事呢？"说完，他拿出一本书，"你把这本书读透了，就可以胜任帝王的老师了，10年后一定会得到验证。13年后，我们会在济水再次会面，那济水之北谷城山下的黄石就是我。"说完，老者扭头就走了。

天明以后，张良发现老者送的书原来是《太公兵法》。此后，张良常常诵读这部兵书，后来终于成为刘邦的重要谋士，为刘邦六出奇计，为汉室江山立下了汗马功劳。成为西汉杰出的军事谋略家，他与韩信、萧何合称"汉初三杰"。

张良之前没有经过磨炼，行事鲁莽冲动，曾经去行刺秦王，根本谈不上充分发挥自己的雄才伟略了。所以，**有时候人低头并不是"不如人"，相反有时还会有意想不到的收获！**

心灵悄悄话
XIN LING QIAO QIAO HUA

处处显示自己的强势，展示自己的才华，才会有"身价"——这是很多人的观点。其实，现实中往往是那些肯卑躬屈膝的人，"价码"却高于那些傲立于世的人。

第三篇 虚怀若谷，谦卑是一种力量

谦卑是美。谄媚、奴颜、趋炎附势等种种恶行与谦卑无关。谦卑是虚怀若谷所显示的平静，是洞悉人心之后的安然。谦卑不是让你向势高一头的人畏缩。它是心智的清明，在天地大美前豁然醒悟之后的喜悦。谦卑使人焕发出美，不光彬彬有礼，也不光以笑颜悦人，它是一个人在历经沧海之后才有的一种亲切，大善盈胸之际的一份宽厚，物欲淘净之余呈现的一颗赤子之心。这种姿态超凡脱俗，使人心仪不已。这就是谦卑的力量。

拥有宽阔的胸怀能使天下太平。有了宽阔的心胸，也就避免了许多问题，宽阔的胸怀同时也是一种生存的智慧、生活的艺术。

为人要能做到宠辱不惊

孔子曾经说过：**君子泰而不骄，小人骄而不泰**。这话的意思就是说，小人遇到事情不能保持心情的稳定，容易受到外部因素的影响，事情顺畅时就傲慢，事情不顺畅时就懊丧；而君子碰到任何事情时都保持心情安定，宠辱不惊，处之泰然，不受外部环境的影响。唐朝宰相李泌就是一个这样的君子。

李泌处在安史之乱及其以后的混乱时代，为唐王朝的安定上言上策，立下了汗马功劳，但他贵而不骄，急流勇退，恰当地把握住了一个宠臣、功臣的应有分寸，善始善终，圆满地走完了自己从政的一生。

李泌少时聪慧，被张九龄视为“小友”。成年后，精于《易》，天宝年间，玄宗命其为待诏翰林，供奉东宫，李泌不肯接受，玄宗只好让他与太子为布衣之交。当时李泌年长于太子，其才学又深为太子钦服，因此，常称之为“先生”，两人私交甚笃。这位太子就是后来的肃宗皇帝。后来，李泌因赋诗讥讽杨国忠、安禄山等人，无法容身，遂归隐颍阳。安史之乱爆发后，玄宗至蜀中，肃宗即位于灵武(今宁夏永宁西南)，统领平乱大计，李泌也赶到灵武。对于他的到来，肃宗十分欢喜，史称：“上大喜，出则联辔，寝则对榻，如为太子时。事无大小皆咨之，言无不从，至于进退将相亦与之议。”

这种宠遇实在是世人莫及，在这种情况下，李泌依然保持着清醒的头脑，低调处之。肃宗想任命他为右相时，他坚决辞让道：“陛下待以宾友，则贵于宰相矣，何必屈其志！”肃宗只好作罢。此后，李泌一直参与军国要务，协助肃宗处理朝政，军中朝中，众望所归。肃宗总想找个机会封给李泌一个名号。

肃宗每次与李泌巡视军队时，军士们便悄悄指点道："衣黄者，圣人也；衣白者，山人也。"肃宗听到后，即对李泌道："艰难之际，不敢相屈以官，且衣紫袍以绝群疑。"李泌不得已，只好接受，当他身着紫袍上朝拜谢时，肃宗又笑道："既服此，岂可无名称！"马上从怀中取出拟好的诏敕，任命李泌为侍谋军国、元帅府行军长史。元帅府即天下兵马大元帅太子李之府署。李泌不肯，肃宗劝道："朕非敢相臣，以济艰难耳。俟贼平，任行高志。"这样，他才勉强接受下来。

肃宗将李俶的元帅府设在宫中，李泌与李俶总有一人在元帅府坐镇。李泌又建议道："诸将畏惮天威，在陛下前敷陈军事，或不能尽所怀；万一小差，为害甚大。乞先令与臣及广平（即广平王李俶）熟议，臣与广平从容奏闻，可者行之，不可者已之。"肃宗采纳了这一建议，这实际上是赋予李泌朝政全权，其地位在诸位宰相之上。当时，军政繁忙，四方奏报自昏至晓接连不断，肃宗完全交付李泌，李泌开视后，分门别类，转呈肃宗。而且，宫禁钥匙，也完全委托李泌与李俶掌管。面对如此殊遇，李泌并不志满气骄，而是竭心尽力，辅助肃宗，在平定乱军，收复两京以及朝纲建设上，都建有不可替代之功，实际上是肃代两朝的开朝元勋。

平定安史之乱，肃宗返回长安后，李泌不贪恋恩宠与富贵，向肃宗提出要退隐山林，他说："臣今报德足矣，复为闲人，何乐如之。"肃宗则言："朕与先生累年同忧患，今方相同娱乐，奈何遽欲去乎！"李泌陈述道："臣有五不可留，愿陛下听臣去，免臣于死。"肃宗问："何谓也？"李泌答道："臣遇陛下太早，陛下任臣太重，宠臣太深，臣功太高，迹太奇，此其所以不可留也。"可以说，李泌的这五不可留，还是十分深刻的，尤其是"任臣太重、宠臣太深、臣功太高"更是三项必去的理由。**身受宠荣，能冷眼相对，不沉迷其中，这是难得的政治家气度。**

肃宗听后，有些不以为然，劝道："且眠矣，异日议之。"李泌则坚持道："陛下今就臣榻卧，犹不得请，况异日香案之前乎！陛下不听臣去，是杀臣也。”说到这儿，肃宗有些不高兴了，反问道：“不意卿疑朕如此，岂有如朕而办杀卿邪！是直以朕为勾践也！”李泌还是坚持道：“陛下不办杀臣，故臣求归；若其既办，臣安敢复言！且杀臣者，非陛下也，乃‘五不可’也。陛下昔界日待臣如此，臣于事犹有不敢言者，况天下既安，臣敢言乎！”

肃宗无可奈何，只好听其归隐嵩山。代宗李俶即位后，又将他召至朝中，将他安置在蓬莱殿书阁中，依然恩宠有加。但此时，李泌却居安思危，感受到了他与代宗之间的微妙变化。当李俶为太子时，局势动荡，其皇储之位也不稳定，因此，他视李泌为师长，百般倚重，而李泌也尽心辅佐，几次救其于危难。现在，他是一国之君，对于往昔的这位师长、勋旧固然有道不尽的恩宠，但也有种种道不明的不安与不自如。

这时，朝中有一位专权的宰相元载，这位宰相大人，与李泌是截然相反的人物。他凭借代宗的宠任，志气骄逸，洋洋自得，自认为有文武才略，古今莫及。他专擅朝政，弄权舞弊，僭侈无度。曾有一位家乡远亲到元载这儿求取官职，元载见其人年老不堪，猥猥琐琐，便未许他官职，写了一封给河北道的信给他。老者走到河北境内后，将信拆开一看，上面一句话也没有，只是签了元载之名，老者十分不悦，但既已至此，只好持此信去拜谒节度使。僚属们一听有元载书信，大吃一惊，立即报告节度使。节度使派人将信恭恭敬敬地存到箱中，在上等馆舍招待老者，饮宴数日，临行时，又赠绢千匹，足可见元载的权威之重。

就是这位元载，见李泌如此被信用，十分忌妒，与其同党不断攻击李泌。在李泌重回朝中的第三年，也就是大历五年(770年)，江西观察使魏少游到朝中寻求僚佐，代宗对李泌道：“元载不容卿，朕今匿卿于魏少游所，俟朕决意除载，当有信报卿，可束装来。”于是，代宗任命李泌为江西观察使的判官，这与李泌在朝中的地位可谓天上地下，太不相称，但李泌还是愉快地远赴江西。

客观地说，元载是不容李泌的，但元载虽为权臣，毕竟只是文人宰相，未握兵权，代宗若要除他，易如反掌，但值得玩味的是，在元载与李泌的天平上，代宗明显地偏向了后者，所以，要提出种种借口与许诺。

李泌到江西后七年，也就是大历十二年（777 年），代宗方罢元载相，以图谋不轨诛元载及其全家。元载倚宠专权，下场可悲。一年以后，大历十三年年末，代宗方召李泌入朝。李泌到朝中后，君臣之间有一段很有意思的对话。代宗对李泌道："与卿别八年，乃能诛此贼。幸赖太子发其阴谋，不然，几不见卿。"对这一解释，李泌似乎不能接受，他对答道："臣昔日固尝言之，陛下知群臣有不善，则去之。含容太过，故至于此。"对此，代宗只好解释道："事亦应十全，不可轻发。"

李泌到长安刚刚安顿下来，朝中新任宰相常衮即上言道："陛下久欲用李泌，昔汉宣帝欲用人为公卿，必先试理人，请且以为刺史，使周知人间利病，俟报政而用之。"这一建议，可以说是十分荒唐。李泌自肃宗时即参与朝政机要，多次谢绝任相的旨意，而肃宗实际上也将他视为宰相。代宗即位，召其至朝中，也是要拜为宰相，但李泌又拒绝就任。如今常以代宗欲用李泌为由，要将他放为州刺史，应当是秉承了代宗的旨意。所以，第二年年初，代宗便任命李泌为澧州刺史，澧州是偏远州郡，对于这一明显带有贬谪含义的任命，李泌未发一言，再次离开长安，走马上任。

泰而不骄，方可宠辱不惊，平心待物，临危不乱，通达于时世，这就是所谓的大将风度，君子风范。

心灵悄悄话

XIN LING QIAO QIAO HUA

只有做到了宠辱不惊、去留无意，方能心态平和，恬然自得，达观进取，笑看人生。而低调谦虚的人也正是将它视为人生的座右铭。

做个谦逊的人

人们常说："忍一时风平浪静，退一步海阔天空。"所以，拥有宽阔的胸怀能使天下太平。有了宽阔的心胸，也就避免了许多问题，宽阔的胸怀同时也是一种生存的智慧、生活的艺术。它是看透了人生之后获得的一份从容、自信和超然。一旦有了这种智慧、这种艺术，就会从容不迫地面对人生。

原谅敌人并将其抛诸脑后的最佳良方，是诉诸超越我们的一种思想。当我们执着于追求理想时，其他的一切屈辱都算不了什么。

有一次，美国总统林肯和大儿子坐马车上街，途中，恰巧有支路过的军队挡住了他们的路，于是，他下车问路旁的百姓是哪支军队，百姓不知道他是总统，就用了很不尊敬的语气说：这是伟大的联邦军队啊，笨蛋。被这样辱骂，林肯依然说了声谢谢，然后回到车上对儿子说：你要记住啊，有人在你面前说老实话，那是一种幸福。

生活中，我们也要做到：不管别人对你无理也好、嫉妒也罢，或是诽谤、陷害等，都要保持一颗宽容而平静的心，理智地去面对，用宽容的胸怀去处理。

人与人之间应该多一些理解，多一些宽容。只有这样，我们才会感觉生活如此轻松自在，从而也会活得更快乐。

有一位老人，在她50周年金婚纪念日的当天，她向前来祝贺的嘉宾道出了她保持婚姻幸福的秘诀。她这样说道:“从我结婚那天起,我就准备列出丈夫的10条缺点。为了我们婚姻的幸福,我向自己承诺,每当他犯了这10条缺点中的任何一条的时候,我都愿意原谅他。”有人问,那10条缺点到底是什么呢?她回答说:“老实告诉你们吧,50年来,我始终没有把这10条缺点具体列出来。每当我丈夫做错了事,让我气得直跳脚的时候,我马上提醒自己:算他运气好吧,他犯的是我可以原谅的那10条错误当中的一个。”

这个故事同时也告诉我们:在婚姻漫长的过程中,不会总是艳阳高照、鲜花盛开,同样会有夏暑冬寒、风霜雨雪。如果面对生活中的一些小争执,能像那位老人一样,有一个宽阔的胸怀,你就会突然发现,其实幸福就在你的周围。

英国诗人济慈说过这样一句话:“人们应该彼此容忍,每个人都有缺点,在他最薄弱的方面,每个人都能被切割捣碎。”每个人都有弱点与缺陷,都可能犯下这样那样的错误。作为肇事者要竭力避免伤害他人,但作为当事人要以博大的胸襟宽容对方,避免怨恨消极情绪的产生。

美国第三任总统杰斐逊与第二任总统亚当斯从恶交到宽恕就是一个生动的例子。

杰斐逊在就任前夕,到白宫去想告诉亚当斯,他希望针锋相对的竞选活动不要破坏他们之间的友谊。可杰斐逊还来不及开口,亚当斯便咆哮起来:“是你把我赶走的!是你把我赶走的!”从此两人没有交谈达数年之久。

直到后来,杰斐逊的几个邻居去探访亚当斯,这个坚强的老人仍在诉说那件难堪的事,但接着冲口说出:“我一直都喜欢杰斐逊,现在仍然喜欢他。”邻居把这话讲给了杰斐逊听,杰斐逊便请了一个彼此皆熟悉的朋友传话,让亚当斯也知道他深重友情。后来,亚当斯回了一封信给他,两人从此开始了美国历史上最伟大的书信往来。

上述这个例子使我们明白了,宽阔的胸怀是一种多么可贵的精神,是一种多么高尚的人格。宽阔的胸怀意味着理解和通融,是融洽人际关系的润滑油,是友谊之桥的凝固剂。宽阔的胸怀还能将敌意化解为友谊。

卡耐基在电台上介绍《小妇人》的作者时,不小心地说错了有关的地理位置。一位女听众就写信来狠狠地骂他,把他骂得体无完肤。他当时真想回信告诉她:"我把区域位置说错了,但从来没有见过像你这么粗鲁无礼的女人。"但他控制了自己,没有向她回击,他鼓励自己将敌意化解为友谊。他自问:"如果我是她的话,也会像她一样愤怒吗?"他尽可能地站在她的立场上来思考这件事情。之后他打了个电话给她,再三向她承认错误并道歉。这位太太终于表示了对他的敬佩之情,并希望有一天能与他有更进一步的交往。

卡耐基被骂后,仍坚持采取别人难以想象的态度,用宽阔的胸怀去包容对方,表现出别人没有的宽阔胸襟,他的形象也瞬时高大起来。他的宽宏大量、光明磊落使他的精神达到一个新的境界,而且他的人格也折射出更高尚的光彩。

心灵悄悄话
XIN LING QIAO QIAO HUA

做人一定要宽容,利人利己利社会。假如我们每个人都以一颗宽容的心去善待周围的事,那么,我们的社会就会变得更加美好和谐。

懂得谦虚和不张扬

日常生活里，有许多科学道理。谈到做人，有些时候，也要合乎科学才行。所以说，科学不光是科学家的事，也是我们每个人的事。譬如，热胀冷缩，这条最简单的科学道理，对我们大家来说，就是很有启示的。

热胀冷缩，金属物表现得更明显些，因此有膨胀系数这一说。我们乘火车时，为什么车轮总是不停地哐当哐当地响呢？就是因为考虑到钢轨的胀缩，所以在接缝处，要预留下一定宽度的缝隙。其实，焊接技术发展到今天，要做到钢轨相接处绝对的严丝合缝，是不费吹灰之力的。但真的如此做了的话，钢轨到了夏天膨胀，到了冬天收缩，那火车可就要出事故了。

非金属物也有膨胀系数，轮船运输散装货物，例如粮食，是绝对不可以将舱满载的。不是有过这样的例子嘛：一条海轮，船舱里装的是大豆，由于漏水，每个豆子膨胀出来的体积，变成原来的几倍。于是，挺厚的船板吃不住劲，崩断裂了，结果，这条船就沉没在大海里了。

再其次，我们都喝过的啤酒，这里面也有热胀冷缩的道理。易拉罐啤酒，是不装满的，看不见，晃晃便知道了。玻璃瓶装的，也绝不会满到瓶盖，瓶口处总是有那么一点点空。这倒不是啤酒厂想省下那一口，而是怕太满了会爆炸，会出事。

人呢，在生理上也有微弱的膨胀系数。患高血压的病人都有这个体会，到了热天，血压就要低一些了，因为夏天的血管舒张得多。到了冷天，是心脏病的多发季节！就是由于血管收缩的缘故。

不过，说到心理上的热胀冷缩，那就明显得多了。那些春风得意者，一帆风顺者，升官发财者，胜券在握者，没有一个不膨胀的。**不过有的人把握得住自己，表现得不那么强烈，有的人沉不住气，头脑热。管不住自己，什么自以为是啊，骄声傲气啊，目空一切啊，趾高气扬啊，就全来了，那一副德行，真让人不敢恭维。**即使他再有权，再有势，或再有钱，也挡不住别人在他背后撇嘴。

反过来，那些命交华盖者，倒霉失败者，栽了跟头者，雪上加霜者，没有一个不收缩的；不过，有的人，能够处变不惊，跌倒再来，吸取教训，重新振作，这种收缩，是一种正常收缩。有的人，一败涂地，一蹶不振，从此，怨天尤人，唉声叹气，如蚕作茧，止步不前。好像打败的鹌鹑、斗败的鸡那样，人前抬不起头，人后耷拉脑袋，整个人都垮了似的，就是不正常的收缩了。

因此，**在这个世界上做人，要懂得人好比是一个玻璃水杯，过热，冲进冷水要炸，过冷，倒进热水也要炸。**所以，得意不要忘形，失败仍须努力。无论怎样的膨胀和收缩，始终保持不温不火，不疾不徐，不卑不亢，不躁不蔫的态度，去待人接物，去处世谋生，那就能永远立于不败之地了。

我们知道，现存巴黎的国际度量衡中心地下室里的长度和重量的标准器，都是用膨胀系数接近于零的贵金属，例如白金制成。我们也知道，黄金所以值钱，也因为其超稳定性，不大受外界变化的影响而变化。

所以，那些一胜则骄、一败则馁的人，某种程度上也是自身内在质量上存在问题，才受制于外部世界，若是不那么浅薄无知幼稚失态的话，也就不会热胀冷缩得厉害，而贻人笑柄了。因此，加强修养，充实思想，锻炼意志，提高质量，便是每个人时刻不能忘的事情了。

热胀冷缩，是自然科学的一条重要规律，对于我们为人处世亦有着深刻的启迪。

得意忘形，就是过度“热胀”，不小心就会如气球一样爆破；一蹶不振，就是过度“冷缩”，不继续充气就会如爆破的轮胎一样干瘪。

面临胜利和失败、荣誉和屈辱，要学会克制自己，胜不骄，败不馁，调节好自己的情绪。能方能圆，能伸能屈，才是做人的智慧，才能赢得新的辉煌。

毕加索有一阵常常往勃拉克的画轩跑，他们形影不离，大家都觉得这是一对老朋友。再说，立体主义又是他们俩一起搞出来的。

有一天勃拉克很沮丧地说，他把一幅画做坏了，许多见到这幅画的人都皱起了眉头。他真想毁掉这件败笔之作，勃拉克这样嘀咕。

“别，别别，”毕加索眯着眼睛，在那幅画前踱来踱去，倒像是发现了杰作似的大声称赞个不停：“这幅画真是棒极了！”

勃拉克有点将信将疑。的确，在那个年头，好的和坏的都搅在一起，杰作和垃圾连画家自己也分辨不清。“真的吗？”勃拉克问。

“当然，没问题。”毕加索认真诚恳地回答，“你把它送给我吧，我用我的作品与你交换，怎么样？”

于是，事情就有了一个美好的结局，毕加索回赠给勃拉克一幅画，换回了勃拉克自己差点要扔掉的“杰作”。

几天以后，又有一些朋友去勃拉克的画室，他们都看到了毕加索的那幅画，它挂在房间里十分引人注目。勃拉克感动地说：“这就是毕加索的作品。他送给我的，你们瞧，它真是美极了！”

差不多同一天，还是这些人，也去了毕加索的家，他们一眼瞧见了勃拉克的“杰作”，当他们睁大两眼迷惑不解的时候，毕加索开始说话了：“你们看看，这就是勃拉克，勃拉克画的就是这东西！”

传记作家在提到这段鲜为人知的轶事时，当然是想揭露毕加索为人中魔鬼的一面，狡猾、假惺惺、骗取朋友的“物证”，以及毫不留情地背后攻击。

不过我倒不在乎这个，谁让毕加索是个天才呢。要是他根本不会画画，谁会把他的小伎俩记录在案呢。勃拉克在这件事儿上，无疑是受了委屈的。但他这幅画失败了，也是没得说的：只是他过于相信人，被毕加索暗中使了个绊子。

我这里重提这件小事，不是想批评艺术家的“无行”，关于这个，人们已经见怪不怪，再说也翻不出什么新花样。我之所以搬出这件旧趣闻，是因为我想到了别的。也许,作为引子,它的篇幅远远大于正文。

我知道今天有不少画家,他们因为种种原因而出了名。画也能卖出个好价钱。可是,他们的画没有问题,全是些“坏画”。他们当然不是勃拉克,仅仅是偶尔失手。不,他们根本就画不出好画。然而我们不用担心,他们的画全卖掉了,还卖得相当昂贵。买他们画的人,都是好心的外行。他们当然也不是毕加索,懂行,买下来是为了出朋友洋相。不,他们买画,是因为爱艺术,或者这样说吧,因为爱风雅。爱风雅,这并没有错。

而这些画家呢,赚了不少钱,买进了许多真正的好古董,甚至名画、珠宝与黄金。他们得到了好东西,却把坏的,留给了别人。

“把坏东西留给别人”,看似是聪明,却违背了谦虚、诚实的做人准则,尤其是诚实。

“对人以诚信,人不欺我;对事以诚信,事无不成。”人无信不立,诚实守信是立身从业的基本道德准则之一,也是检验市场经济是否正常运行的试金石。

一个缺乏诚信的社会,必定是个混乱的社会。

心灵悄悄话

XIN LING QIAO QIAO HUA

诚信,就是人不知而不诈,就是童叟无欺,就是“天知、地知、我知”的坦坦荡荡、无愧我心。诚信和谦虚又是紧密相连的。一个谦卑为怀的人,就没有心思去尔虞我诈;一个诚实守信的人,才懂得谦虚和不张扬。但愿诚信之花处处绽放!

谦虚做人需要淡泊的心境

人当有高远的理想,更要有淡泊名利的心境。在人们看来,壮志凌云和淡泊名利似乎自相矛盾,其实不然。他们不但不矛盾,而且还是一个和谐统一的整体,是低调做人、高调做事的完美结合。

古代先贤尚且可以有"先天下之忧而忧,后天下之乐而乐"的情怀,那么我们现代人则更应有淡泊名利,无私奉献的精神境界。

可以说,淡泊名利、无私奉献是自古有之的。宋朝的杨家将是家喻户晓、众所周知,杨业在面对外敌辽人入侵时,曾经对杨四郎说过一句话:"在民族大义面前,个人的荣辱得失是微不足道的。"是呀,在执着的最高理想——保卫祖国面前,有什么比民族大义更为珍贵的呢?杨业最终怀着一颗爱国之心死在了李陵墓前,给后人留下了慷慨悲壮、充满民族气节的诗句:"愿得此生长报国,何须生入玉门关。"

当代大学者钱钟书,终生淡泊名利,甘于寂寞,堪称典范。1991年11月钱钟书80寿辰的前夕,家中电话不断,亲朋好友、学者名人、机关团体纷纷要给他祝寿,中国社会科学院要为他开祝寿会、学术讨论会,钱钟书一概推辞。

早在20世纪80年代,美国著名的普林斯顿大学,特邀钱钟书去讲学,每周只需钱钟书讲40分钟课,一共只讲12次,酬金16万美元。食宿全包,可带夫人同往。待遇如此丰厚,可是钱钟书却拒绝了。

他的著名小说《围城》发表以后,不仅在国内引起轰动,而且在国外反响也很大。新闻界和文学界有很多人想见见他,一睹他的风采,都遭他的婉拒。某国一位女士打电话，说她读了《围城》想要见他。钱钟书再三婉拒，她仍然执意要见。钱钟书幽默地对她说："如果你吃了个鸡蛋觉得不错，何必要一定认识那只下蛋的母鸡呢？"

性格豪放者心胸必然豁达，壮志无边者思想必然激越，思想激越者必然容易触怒世俗和所谓的权威。所以，社会要求成大事者能够隐忍不发，正确对待名利。

一个人无论取得了怎样的成绩，都应该清醒地看到：个人的力量和作用是有限的。只有那些不计名利得失，不计荣辱进退，吃苦在前，享受在后，把自己的一切献给国家和人民的人，才是最值得我们尊敬，最值得我们记住的人。

毛泽东有一句话："谦虚使人进步，骄傲使人落后"，影响了几代人，直至今日，这种影响不仅没有淡漠，反而日趋强烈。这不仅是家长教导孩子、老师教育学生、领导训导下属的常用语句，甚至成为一种企业训导词和鞭笞狂妄自大者的精神用语，很多企事业机构都在强调这句话的精神内涵。

谦虚做人，如果你总是很谦虚，很尊敬他人，总是认为"三人行必有我师"，那你就会"收获许多，快乐许多"。当上司尊重你的时候，你会乐意与他沟通和汇报工作；当你尊敬上司或他人的时候，你会从中获得许多知识和快乐，因为你尊敬他们的时候，他们会乐意将自己的学识、经验传授给你，同时又对你友善，你在愉快中学习，既获得了知识，又得到了温暖。

低调行事，不管你是多么的大富大贵，也不论你地位有多高、掌控的权力多么大，你都要调整自己的心态，收敛住日渐膨胀的心和抹去不耐烦的表情，更要收藏起那张狂妄自大的脸，想一想自己是平民百姓时的事情和心态。当你用平常心去很好地处理一件事情后，你会收到很多意想不到的收获；当你将发自内心的笑展现给你周围的人，将温暖的话语传递给你的朋友和同事们的时候，你的周围会形成一种非常和谐的氛围，你的行为可以感染一批人，你的下属、同事或朋友会自觉的围绕在你的身边，人们会更加尊敬你，更加仰慕你，更加维护你。

不过，**总有那么些人，一旦做出了成就，便不可一世，到处宣扬，唯恐别人不知道，认为自己能力非凡，飘飘然将自己凌驾于别人之上。**

某君十分信奉“业绩是成功的筹码”的信条，而且还坚信业绩只有上司看得见才有效。于是在做完一件工作后，大部分时间花在出各种报告上，报告做得很精美，还喜欢做成彩色的，然后汇报给上司以及公司各部门的高层，到处宣扬自己的功劳，等待公司的奖励和升迁。然而几年过去了，他依然在原来的位置上停留不动，上司交代给他的工作也越来越少，并责备他：“有时间发这么多邮件，还不如多做点实事，生怕别人不知道你做了事！”

过于吹捧自己的业绩与能力，只会让别人感到反感；而如果真的希望得到同事的青睐和上司的器重，你应该学会“谦虚做人”，而不是“高调做人”。

业绩是一种很敏感的东西，大家都知道它代表什么，但你应该知道，自己出色的业绩只会反映了同事的无能，你的升职与加薪会牺牲其他同事的升迁机会，会威胁到上司的地位。所以在高调做好自己的工作外，要低调处理你的业绩，谦虚做人。

“谦虚做人，低调行事”是职场中一种平和的为人处世的态度。而如果你在敏感场合张扬你的业绩与能力，这可能会给你带来许多麻烦。

一家濒临倒闭的公司被卖给了一个新的老板。老板上任的那天，首先召集各部门管理人员，问他们公司走下坡路的原因，以及如何把公司整顿起来。人们都不敢吭声，而唯独一位年轻人拿出一本自己编写的策划书，总结了公司失败的八条原因，并有针对性地提出了三条措施。没想到老板看了一脸的不高兴，把年轻人劈头盖脸地骂了一顿：“这些问题你以为只有你知道，别的人就不知道了？这么多老同事都不开口，就你懂？”年轻人受了一肚子委屈。然而晚上加班时，老板又单独将那位年轻人叫到办公室开导说：“你的策划书做得很好，我今天在会上批评你，那是为了告诉你，行事要注意低调，否则在你以后工作中，有很多困难坎坷。”

职场间，大家相互盯得很紧，一旦你表现得比较出色，你就把自己推向了风口浪尖，成了众矢之的。成熟的职场人士都知道“韬光养晦”，在取得业绩之后，很善于低调处之，并及时去消除同事的抵触情绪。所以，对待工作我们要以十二分的热情去完成它；而对于取得的成绩，要低调处理，不要刻意去宣扬，因为这样只会引起同事们的反感，甚至是羡慕嫉妒产生恨。

人都不是十全十美的，就像尺与寸一样，各有所长各有所短。所以当你与人相处时，总是谦虚地说着话，总是以请教的姿态出现的时候，那人们就会对你敞开心扉，说着他们的处世经验，告诫你的不足，你从中会得到意想不到的收获与效果。

心灵悄悄话

XIN LING QIAO QIAO HUA

谦虚做人，低调行事，并不是每个人天生就具备的，是长期的学习工作实践过程中不断提升自身修养“修炼”来的，这要看修炼者本身是不是一个高瞻远瞩的人，是不是一个风格高尚的人，是不是一个有人格魄力的人！

谦虚的人情圈子

人分三六九等，有人就有圈子。三等人和三等人混在一起，六等人和六等人混在一起，九等人也绝不和七等人混在一起。所谓物以类聚、人以群分，就是指这种自然的结合、苟合、融合。圈子里的人一定有一个基本的共同点，比如都是某大学某某级的同班同学，都是金融行业的经理，都是医生，都是出租车司机，都是木匠，都是刮大白的，等等。胡适先生认为自己三教九流都有朋友，但他也只是找徐志摩、傅斯年等人宴饮，而不会跟一个拉三轮车的耳鬓厮磨，促膝大谈其心。因此，一个圈子映照一种生活方式，也只限定一种生活方式，竹林七贤凑到一块酗酒放狂，扪虱闲谈，倘若他们中的某某做了官，某某经商发了财，开始以小暴发户的姿态对其他人吆五喝六的时候，这个圈子就会变得危险。

圈子有很强的排他性。一旦形成，有了自己的生活，不同于此的生活方式就会成为该圈子隐约的敌人。这就像居家过日子，一男一女结婚成家，绑到一块儿，他们就要与其他家庭展开竞赛，谁住的房子更大，谁开的车更豪华，看谁过得更好，而不是比赛谁更糟糕。圈子之排他，源于本能，只有排他才能拉近彼此之间的距离，强化圈子的团结。诅咒圈子之外的群体是他们必要的精神纽带。他们只骂自己求之不来的，不肯对远远抛在后面的圈子发一言。房地产俱乐部的富商们不可能整个晚宴都在讨论街头臭要饭的，乞丐团体却有兴趣拿出一整天来詈骂富豪的不仁不义。圈子一面排他一面还要不断整合，吸纳有共同语言的同仁加入。圈子不是谁想来就来，想走就走的。既然划定界限，就有选择必要。抬腿就来，迈步就走的，那不是圈子，而是社会。

圈子的散掉，首先是精神领袖的“猝死”。每个圈子都有一个精神领袖。此人就像羊群里的头羊，蚂蚁窝里的蚁王，他不一定嗓门最大，身体最强壮，思想最尖锐，但他一定得到大家普遍的信赖。人人都对他怀着一份尊敬，以其马首是瞻。他在别的圈子里可能连个屁都没得放，但不影响他道貌岸然地把握这个圈子的大局，决定圈子的走向，划定圈子聚会的频率，引领圈子步步壮大。而那些亦步亦趋、貌似可有可无的人同样不可或缺。一个圈子里，总有些人像蜘蛛一样盘踞在角落里，附和大家一切的情绪，嘿嘿跟着笑，哇啦哇啦跟着骂，把他低沉的嗓音夹杂在大合唱里。设想，没有他们捧场，招之即来，挥之即去，精神领袖还何以成为领袖？精神领袖若“猝死”（或远走，或高升，或遭遇天灾），不再参与，圈子成了无头苍蝇，除非再有一个人水到渠成地站出来担当，否则只好做鸟兽猢狲散。

圈子让人产生安全感。一个人有了圈子，就有了倾诉之处、求助之地。深埋于地下的蚯蚓或许还有三个朋友呢，何况人乎？圈子分分合合，聚散不定，但这个圈子没了，另外一个圈子又建立起来，总会有各种各样的圈子等着你去钻。这就应该引起圈子中人的警惕：一些人加入圈子，只为利用圈子的资源。他们根本不喜欢圈子生活，甚至是鄙夷这个圈子，愤恨这个圈子的。在圈子里混，是他们的权宜之计，苦涩的记录，也是噩梦。他们虚与委蛇，得到自己想得到的，一旦“混好了”，有机会走出去，一定羞于提起自己的圈子生活，更不会以之为自豪。朱元璋当了皇帝，哪里还承认自己当和尚要饭的经历！若有不识相的和尚找上来大喊“师弟”，估计立刻就被要了命。

这些小角色是圈子真正的毒药，他们像蜘蛛一样躲在角落里，默默地编织自己的网。将来有一天，却狠心将圈子里的人一网打尽。

近朱者赤，近墨者黑，交友应当慎重选择。与高尚的人来往，自己也会变得高尚起来；与庸俗之辈交，自己也会流入庸俗。交友最关键的就是选对“圈子”，入错圈子的人，就好比踏入了沼泽之地，一不小心就会陷进去。

“观其友，知其人。”观察一个人的朋友，就可对其略知一二。“圈子”

是映照一个人的镜子，要想这面镜子明亮，就要时时勤拂拭，擦掉那些外来的尘埃。

杜甫有诗："访旧半为鬼，惊呼热中肠。"中青年对这两句话不大在意，因为还没有到达"花甲"左右的年纪，或者久居一隅，亲友同事师生之类的关系不多。但即使程度不同，到达"花甲"之后，对这话的感触一定与前不同了。在现代交通发达、信息大为流通之后，"惊呼热中肠"还是会出现的。

"惊呼"的内涵可以多得谁也举不清。即使已多年不通音信，这样那样的情谊，这件那件一道经历过的颇有意义或兴味的事情，还是很清楚地留在记忆里，时常想得起。或者分明知道他现在某地，或者已失去联络颇久，不过知道他还活着，或者听人谈起过他还活着。然而又并无什么要事，加上年纪大了写信总越来越少，反正认为这位故旧仍活着就好。可是忽然就收到了关于他的讣告，或者报刊上的消息、间接的函告，或者逝世几年后才辗转传来的音讯，原来先先后后、远远近近这些熟人都已作古了。

自己年纪由"花甲"而"古稀"，再近"耄耋"之后，这种情况便越来越多。有机会到外地去时，总要打听在这地的老熟人现在是否仍在这里，当然希望他们都还健在，也许可能去拜访拜访。就怕听说："哟，他已不在了！"怕也没用，偏偏已常听到这样令我唏嘘不已的回答。虽然过去的情谊或美好的记忆不会就此抹掉、了结，总觉得已难有所富丽，不那样踏实了。

我知道这是人生免不了的憾事，古人不知道写过多少这种憾事。写时他们都还健在，而当我读到他们的这类作品时，他们也已作古数百上千年之久了。各人的"惊呼热中肠"内容不同，心态表现也肯定不同，留给我的，只有这种人与人间的类似感情了。这种感情有没有用？在哪里有用？很难说得清楚，也可能见解就未必一致，例如说，还有什么用？特别在都已成了古人之后。连自己当前的感情生活还照管不过来，哪还有时间、精力去思考、体味古人的这些琐事！但难道人们真的都会如此想吗？

我却觉得，只要是真诚、真挚的人情，还是有作用的。**不能设想没有人情的生活能使人热爱，也不能设想人们不热爱生活的社会能发挥人的工作积极性，使社会取得应有的进步与发展。**

当龚自珍写作“九州生气恃风雷，万马齐喑究可哀。我劝天公重抖擞，不拘一格降人才”这首诗的时候，他也是在抒发一种人情，一种理解与爱惜人才的激情，能说这同后人后世毫无关系？没有任何作用？杜甫的“朱门酒肉臭，路有冻死骨”，就更不消说了。这当然都是人情之雄且大者，涉及苍生世事。那么像尊老爱幼、救死扶伤、忠贞爱情、道义之交、关心别人疾苦这类并不很伟大的所谓“人之常情”又如何呢？人类中难道不存在“人之常情”？纵然只是在读古人的追念，常常也深受感动，油然产生出敬仰之情，虽不能至，心向往之。其对人的影响，自然与个人修养有关，高者得其大，不及者得其小。但终归有益。高者总是由低处做起的。何尝有什么永难逾越的高墙在中间阻隔。民间常称不讲人情甚至不近人情者为“没心肝”，也就是不承认这种人是真正的人，说得很形象的。

无须说，这里要讲的并非勾结性的“拉关系”“走后门”“只图私利”的人情。

人情的好传统是有人类以来逐渐在人际关系的实践中不断发展形成的。

心灵悄悄话

XIN LING QIAO QIAO HUA

人，毕竟是有感情的动物。不要总是盯着社会的阴暗面叹息世态炎凉、人心不古，要用心去寻找，去体悟社会，以诚待人，构建良好的人际关系，终究会寻觅到真挚的人情。生活自有温情在，只要心是开放的、光明的、包容的，就不难体会到世间的温暖。

动物界的谦虚法则

在动物世界里，各种动物都有其求生的本能。动物求生包括两个方面的内容，一种是带有攻击色彩的觅食行为，另一种是保护自己不受伤害的自我保护行为。数不清的动物，求生的本能大同小异，也各有其生存的空间。其中有两种动物，它们的习性对人类具有很大的启发。乌龟是人们非常熟悉的一种动物。它动作慢不说，遭遇外力干扰时，便把头脚缩进壳里。它不会反击，可是你也拿它没办法。一直到外力消失，它认为安全了，才把头脚伸出来。这是乌龟的自我保护方式。刺猬则不同，一有外力靠近，它就竖起全身的刺，让外力知难而退。在自卫行为上，乌龟采取的方式和刺猬完全不同，乌龟不会伤人，但刺猬会伤人。

在社会生活中，人也有遭受外来侵害，需要进行自我保卫的场合，但不同的自卫方式会产生不同的人际效应。这是因为人的世界比动物世界更复杂，而人活着也不只为了生物性的存在。

以人性的观点来看，乌龟式的自卫似乎好于刺猬式的自卫。

乌龟把头脚缩进壳里，对外力的反应可说是有些“迟钝”，但因为有硬壳的保护，想吃它也不是件容易的事，因此乌龟对外力的侵凌采取的是“逆来顺受”的方式，直到对方倦了、腻了为止。但刺猬却是一有风吹草动就竖起尖刺，让其他动物不敢接近。

人如果采取乌龟式的自卫方式，带一些迟钝，就可以减少很多不必要的误会与麻烦。因为迟钝可以化解对方的挑衅；“逆来顺受”太极拳式的柔性响应，也可使对方的动作软化，力量散化，让对手“无功而退”。另外，由于你知道自己在做什么，所以你对所处环境有所认知的“心”就有如乌龟的硬壳，使你不致受到伤害。至于刺猬式的自卫，高警觉的反应固然可以立即使身心进入“备战”状态，也可以击退若干不怀善意者，但若击不退对方，势必引起一场厮杀，你会胜利，但也会遍体鳞伤，更有可能被歼灭。为自身权益而战，是人人肯定的“圣战”，但这种动不动就竖起全身尖刺的动作却也会使一般人不敢靠近你，因为他们不知道你是否会对他们的友善动作做出错误的判断，他们怕被你的紧张、过度保护自己而刺伤！

在社会生活中，具有乌龟式人际性格的人，朋友较多，也不容易有人际关系问题，即使对他有敌意的人最后都成了他的朋友；而有刺猬式人际性格的人则相反，朋友越来越少，因为人人都怕惹他！

所以，做乌龟好过做刺猬！

要知道，软弱和退缩也是一种无形的力量，这力量大无边际，能胜过任何硬性的进攻。只懂进攻而不懂退缩，只会强硬而不会软弱的人绝不是真正的智者，倘若胜出，也只能是一位遍体鳞伤的胜利者。

在具有博弈性质的交往中最好不要在被逼无奈的时候才服输称臣，而应知道在即将遭遇恶战或需付出沉重代价前就主动退避三舍，尔后再另外寻找获胜机会，这才是最明智的选择。

曾有一位记者去拜访一位政治家，目的是获得有关他的一些丑闻资料。然而，还来不及寒暄，这位政治家便首先对记者说：“时间还长得很，我们可以慢慢谈。”记者对政治家这种从容不迫的态度大感意外。

不多时，侍者将咖啡端上桌来，这位政治家端起咖啡喝了一口，立即大嚷道：“哦！好烫！”咖啡杯随之滚落在地。等侍者收拾好后，政治家又把香烟倒着插入嘴中，从过滤嘴处点火。这时记者赶忙提醒：“先生，你将香烟拿倒了。”政治家听到这话之后，慌忙将香烟拿正，并表示了谢意。

平时趾高气扬的政治家出了一连串洋相，使记者大感意外，不知不觉中，原来的那种挑战情绪消失了，甚至对对方怀有一种亲近感。

这整个的过程，其实都是政治家有意安排的。当人们发现杰出的权威人物也有许多弱点时，过去对他抱有的恐惧感就会消失，而且受同情心的驱使,还会对对方产生某种程度的亲密感。

在为人处世中,要使别人对你放松警惕,造成亲近之感,只要你很巧妙地、不露痕迹地在他人面前暴露某些无关痛痒的缺点,出点小洋相,表明自己并不是一个高高在上、十全十美的人物,这样就会使人在与你交往时松一口气,不以你为敌。这就是故意示弱给人看。

故意示弱可以减少乃至消除他人的不满或嫉妒。事业的成功者,生活中的幸运儿,被人嫉妒是难免的,在一时还无法消除这种社会心理之前,用适当的示弱方式可以将其消极作用减少到最低程度。

示弱能使处境不如自己的人保持心理平衡,有利于与人交往时掌握主动。

示弱可以是个别接触时推心置腹的交谈,幽默的自嘲,也可以是在大庭广众之下,有意以己之短比人之长。

示弱是收而不是放,是守而不是攻,因此它是一种无形的力量。可以说,为人处世中,懂得示弱是人际交往中掌握主动权的“灵丹妙药”,也是谦逊为人、低调处世的制胜法宝。

心灵悄悄话

XIN LING QIAO QIAO HUA

示弱有时还要表现在行动上。自己在事业上已处于有利地位,获得了一定的成功,在小的方面,即使完全有条件和别人竞争,也要尽量回避退让。也就是说,平时对小名小利应淡薄些,疏远些,因为你的成功已经成了某些人嫉妒的目标,不可以再为一点微名小利惹火烧身,应当让出一部分名利给那些暂时处于弱势中的人。

海纳百川有容乃大

成功者大都有良好的人际关系，有广阔的人脉网络。而要想使自己拥有广阔的人脉网络，唯有大肚量，能容世上形形色色之人才可以。清代有首诗说得好："骏马能历险，犁田不如牛。坚车能载重，渡河不如舟。保长以就短，智者难为谋。生才贵适用，幸勿多苛求。"所以，要想以强大的人脉来助自己成大事的话，就要有容人之量，胸怀全局，不可因一己之好恶，被随意地"情绪"牵着鼻子走，以致失去他人之心，误了大事。

"大肚能容，容天下难容之事"，要想成为人上之人，必须要能容人、容言、容事，看人长处，赞其优点，求同存异，以大局为重。在《三国演义》中蜀国宰相蒋琬在这方面就做得很出色，他以德报怨，化敌为友，对不认同自己的人，对污蔑、诽谤自己的言论，都宽容对待，大度能忍。最后终以自己高尚的人格魅力、出色的治国才华，征服了众人，收拢了人心，建立自己强大的人脉网，更使蜀国上下一心，稳定住了变动的局势。

蒋琬凭借其"以安定民众为根本，为政重实效，不做表面文章"的务实、稳重的作风，深得诸葛亮的赏识，留下遗言推荐他继任丞相一职。蒋琬上台后，有许多人不服气。蜀国另一位大臣杨仪，自以为自己做官的时间、资历都比蒋琬要深，但官阶却位于他之下，并且未得到重赏，所以自恃功高经常口出怨言，对别人说要是在诸葛丞相初亡时，我带着人马投靠了魏国，就不会有如此抑郁不得志的下场了。后主刘禅听到此传言，大怒，就要治他的罪问斩。蒋琬虽知杨仪不服自己，但罪不该死，反而替他求情。

蒋琬手下有个谋士杨戏，和他讨论事务时，他常常一声不响。有人借机中伤杨戏，向蒋琬告密说他傲慢无礼，不把现任丞相放在眼里。蒋琬深知一个人若对另一个人没有好感的话，甚至是怀有敌意，那么无论用何种方式都很难改变对方，而且，若计较一时一事，就有可能演变成门派斗争，不利于国家安定。于是他反过来替杨戏辩解说："杨戏不过是性情内向，言语谨慎罢了。以后不许在我面前说人是非。"

蒋琬就是以其宽容大度、求同存异的处事气度，赢得了众人的敬仰，赢得了广泛的人脉，在诸葛亮去世后的一段时期里，对稳定蜀国民心起了很大的作用。

与人交往难免遇到不顺心的事，或被羞辱，或被误解，自尊心受到强烈的挑战。面临这种状况不外两种处置方法：一是针锋相对，坚决反击；二是以退为进，强忍自安。实践证明，有时候，能忍者恰恰是强者。这里所说的"忍"，是指为了大局、为了长远利益而把他人强加给自己的痛苦、怨愤强咽下去，不予反击，求得息事宁人的一种处世方法。有句俗话说："百忍成金"，它从某种意义上道出了"忍"的意义和价值。

人生苦短，活着更是不易。因此，在争取拥有的同时，懂得学会放弃，凡事都要退一步，不要斤斤计较，那才是真正的聪明。

杨玢是宋朝尚书，年纪大了便退休在家，安度晚年。他家住宅宽敞、舒适，家族人丁兴旺。有一天，他在书桌旁，正要拿起《庄子》来读，他的几个侄子跑进来，大声说："不好了，我们家的旧宅被邻居侵占了一大半，不能饶他！"

杨玢听后，问："不要急，慢慢说，他们家侵占了我们家的旧宅地？"

"是的。"侄子们回答。

杨玢又问："他们家的宅子大还是我们家的宅子大？"侄子们不知其意，说："当然是我们家宅子大。"

杨玢又问："他们占些旧宅地，与我们有何影响？"侄子们说："没有什么大影响，虽无影响，但他们不讲理，就不应该放过他们！"杨玢笑了。

过了一会儿，杨玢指着窗外落叶，问他们："树叶长在树上时，哪个枝条是属于它的，秋天树叶枯黄了落在地上，这时树叶怎么想？”他们不明白含义。杨玢干脆说：“我这么大岁数，总有一天要死的，你们也有老的一天，也有要死的一天，争那一点点宅地对你们有什么用？”侄子们现在明白了杨玢讲的道理，说：“我们原本要告他的，状子都写好了。”

侄子呈上状子，他看后，拿起笔在状子上写了四句话：“四邻侵我我从伊，毕竟须思未有时。试上含光殿基望，秋风秋草正离离。”

写罢，他再次对侄子们说：“我的意思是在私利上要看透一些，遇事都要退一步，不要斤斤计较。”

人的一生，不可能事事如意、样样顺心，生活的路上总有沟沟坎坎。你的奋斗、你的付出，也许没有预期的回报；你的理想，你的目标，也许永远难以实现。如果抱着一份怀才不遇之心愤愤不平，如果抱着一腔委屈怨天尤人，难免让自己心态扭曲、心力交瘁。

心灵悄悄话

XIN LING QIAO QIAO HUA

生活在凡尘俗世，难免与人磕磕碰碰，难免别人会误会猜疑。你的一念之差、你的一时之言，也许会受到别人加以放大和责难，你的认真、你的真诚，也许会受到别人误解和中伤。又何必非得以牙还牙拼个你死我活，又何必非得为自己辩驳澄清导致两败俱伤呢。

第四篇　低调处事，虚心使人成熟

天地间万事万物都会由盛而衰，在极盛时露出衰败凋谢的预兆。所以人在平安无事时，要保持自己的清醒头脑，经常反躬自省，以便能防患于未然。洪应明说："衰飒的景象就在盛满中，发生的机缄即在零落内。故君子居安宜操一心以虑患，处变当坚百忍以图成。"意思是说，大凡一种衰败的景象往往是在很早的繁茂时就种下了祸根，大凡一种机运的转变多半是在零落时就已经种下善果。所以一个有德行修养的君子就应当在平安无事时保持清醒的理智，以便防范未来某种祸患的发生，一旦处身于变乱灾难之中，就要拿出毅力咬紧牙关继续奋斗，以求事业成功。

待人态度要谦逊

我们每个人都会有这样的生活误区：认为数量就是高效，而去盲目追求事情的数量。这样就导致我们对质量的忽视。质量和数量同样是高效的重要因素。**只有数量，没有质量，只是追求形式上的高效，并非真正意义上的高效。做事如此，人生经营亦如此。**

有一位女作家被邀请参加笔会，她身边坐着一位匈牙利的年轻男作者。女作家衣着简朴，态度谦虚、沉默寡言。男作家不知道她是谁，以为她只是一位不入流的作家而已。

于是，他有一种居高临下的心态。

“请问小姐，你是专职作家吗？”

“是的，先生。”

“那么，你有什么大作发表呢？是否能让我拜读一两部？”

“我只是写写小说而已，谈不上什么大作。”

男作家更加确定自己的判断了。

他说：“你也是写小说的，那么我们算是同行了，我已经出版了339部小说了，请问你出版了几部？”

“我只写了一部。”男作家有些鄙夷，问：“噢，你只写了一部小说。那能否告诉我这本小说叫什么名字？”

“《飘》。”女作家平静地说。那位男作家顿时目瞪口呆。女作家的名字叫玛格丽特·米切尔。她的一生只写了一本小说。现在，我们都知道她的名字。而那位出版了339部小说的作家的名字，早已经无从考查了。

有些行业得花一辈子的精力去钻研和奋斗，任何一个大师级的人物，也都只是自己那个领域内的大师。巴菲特从 11 岁开始第一次买股票，一直到 70 多岁，还没有改行的迹象。他并不是世界上最富有的人，排在他前面的，是做软件的比尔·盖茨。巴菲特也知道做软件很赚钱，但他肯定不会去做。比尔·盖茨的聪明之处不是他做了什么，而是他没做什么。凭借他的实力，他如果去股市淘金，做个庄家，简直是易如反掌。凭借他的实力，他也可以去做房地产，但他只专注在操作系统、软件开发上，而没有被市场上其他的诱惑所吸引。

北京正邦品牌设计公司老总陈丹是中国电信标志的设计者。他说他开始创业的时候靠着一腔热情的确取得了一些成功，但接下来面对市场里的种种诱惑，还要做出新的抉择。他们的公司属于广告公司，面对各种各样的广告业务，他们只选择做标志设计，而这只是广告业务中很小的一部分。

刚开始的时候，许多人对此都不理解，觉得陈丹丢掉了太多眼前的生意，但陈丹认为，要想在广告圈激烈的竞争中脱颖而出，就必须建立自己的发展模式，专注于品牌设计，这样才能够使他们超过竞争对手。

陈丹说："术业有专攻，我应该把最重要的事做精、做细。其实其他公司也做得很好，但我们因为只做了一项，就更专业化，分工更细致，客户也就自然会想到我们了。"

有人曾向意大利著名男高音歌唱家卢卡诺·帕瓦罗蒂请教成功的秘诀，他说："当我还是一个孩子的时候，我的父亲，一个面包师，就开始教我学习唱歌。他鼓励我刻苦练习，练好基本功。当时，我兴趣广泛，有很多爱好和理想——想当老师，当科学家，还想当歌唱家。经过反复考虑，我选择了唱歌。于是，经过 7 年的努力学习，我终于第一次登台演出了。又用了 7 年，我才得以进入都会歌剧院。而第三个 7 年结束时，我终于成了歌唱家。要问我成功的诀窍,那就是一句话:请你选定一把椅子。”

在荷兰的一个小镇上,曾有一位年轻的看门人。为了打发时间,他选择了打磨镜片这个细致的活儿当作自己的业务爱好。就这样,在他60多年的看门生涯中,他把那神秘的镜片打磨了60多年,终于他凭自己的研究,探索到了另一个广阔世界——微生物世界。此后,他声名远播。只有初中文化的他,被巴黎科学院授予头衔,英国女王也曾到小镇来拜会他。这位一生磨一镜的看门人就是活了90岁高龄的荷兰科学家万·列文虎克。

“一生磨一镜”,是高效做事的一种方式、一种风格,或者说是一种活法。只要我们找到了自己的人生坐标,坚持不懈地干好自己能干的一件事,就一定能做出一定的成绩。

每个人一生的梦想和欲望很多,但高效的人士都懂得选择的同时,学会放弃。如果我们能够认真区分并减去那些你觉得并不是最重要的事情,从而一生专注于去实现一件事,人生之路将会变得清晰而简单。

森林里有一种鼯鼠,能飞但飞不远,能爬树却爬不快,能挖洞可挖不深。它虽然有一身本事,却都不大管用,很容易成为肉食动物的口中餐,它吃亏就在于没有一技之长。贪心的猎人要追四个方向跑的兔子,只能是一无所获。在一生中,我们会面临诸多的选择,特别是在创业之始,选择尤为重要。一旦看准一件事,选定了目标,就要坚定不移地走下去,否则很容易一事无成。

杨澜说过:“一个人要想成功,最重要的就是先要明白自己到底要干什么。”这一点不仅体现了杨澜超人的智慧,更体现了她对人生机遇的把握。

一般人往往只会追寻着自己的光环前进,而杨澜却知道什么时候该“放弃”。她在央视做主持人最火的时候,放弃了正大综艺主持人的位子,出国留学,又在归国后事业刚起步时,放弃工作,生儿育女。她说:“如果你需要家庭的话,那它就成为你生命的一部分了。要家庭还是要事业,就好像问你要左腿还是右腿,我觉得这是没有意义的。当两者有矛盾时,要看轻重缓急来取舍。我1997年刚刚生了孩子的时候,就一直没有工作。我知道一些电视的主持人为了怕在屏幕上消失,就尽量晚生孩子,我对她们的建议就是该什么时候生就什么时候生吧,这比你天天在电视屏幕上露脸重要得多。”

认清了什么是对自己最重要的事,又不被光环所牵绊,是杨澜最难能可贵的智慧。成功的人士都是在某一方面很成功,自古以来,没有一个人是在各方面都很成功,不只是杨澜,中国有很多企业家也都懂得这个道理。

万科董事长王石新书的签售活动在北京西单图书大厦举行,当时东侧签名售书厅挤满了人,人群中间的便是王石和他的新书《道路与梦想》。

签售完毕,王石接受了《英才》杂志的采访,在采访话题中除了书,还谈到了王石与万科20年道路的取与舍。

万科集团是一家靠倒腾玉米起家的中国最大的房地产公司。是什么让万科完成了连续十余年稳健的发展?在几经政策波动、宏观调控的政策影响下,又是什么让万科不仅活了下来,还能够不断壮大?王石用万科的经历对“取舍”二字,做了详尽的注释。

每一个卓越的商人,都会看到很多市场机会。王石说:“实际上我们不是没有机会,而是机会太多,不是你会失败,而是你会获得各种各样的成功,什么都赚钱,这时候你反而会发现那些进入世界500强的公司,他的成功是他取舍的结果。”王石语言中既有思考,也很有感情。

事实的确如此,杰克·韦尔奇在接任通用电气CEO的头两年,出售了71项业务和生产线,其中还包括了中央空调业务、家用电器业务等GE以前起家的业务。几年中,杰克·韦尔奇通过兼并、合资以及参股等形式完成交易118项。同时也因为战略调整而大规模裁员,由此被称之为“中子弹”。

战略取舍的结果催生了韦尔奇的“数一数二战略”，这种取舍，也使通用具有了在世界范围内独一无二的业务，即使十年后都不会落伍。

当然，也会有人会问 GE 坚持“数一数二”的经营策略，是否意味着它将放弃许多很好的商业机会？GE 在诸多商业机会中的取舍是近乎直觉的悟性还是审慎的理性抉择？后来的事实证明，GE 在 20 世纪 80 年代所取得的傲人业绩，高速的发展，得益于“数一数二”战略的实施。

在王石看来，万科的稳健发展，同样得益于取舍之道。“万科曾经做过进口录像机的生意，利润达到 200%—300%，这种超额利润使得许多公司都挤进这个行当，供过于求，利润急转直下。我对 1984—1992 年的贸易做过统计，赚钱的用黑字表示，赔钱的用红字表示，结果红字多过黑字，结果表明多年贸易的结果是赔钱大于赚钱，这也说明市场很公平，之前你怎么暴利，之后你都要给我吐出来。”

此后，王石提出万科超过 25% 的利润不做。在那个屯地就能增长利润的年代，万科坚持快速开发，这也让万科躲过了更多的危机。同时在 1998 年，万科开始了一个舍弃的过程，退出了很多赚钱的行业，现在被房地产界广泛提及的减法，万科早在 1998 年就已经开始了。在地产和零售两个产业都飞速发展的时候，王石主动将手中“前景”和“钱景”都不错的万佳百货出售给了华润，并不是因为连锁零售业务发展不好，而是因为王石深感无力将两个前景广阔的业务同时做好。

王石还说过这样的话：“缺钱对民营企业并非坏事，因为资金有限，不允许你盲目投资，不允许你犯大错误。如果你的战略目标不清楚，又没有控制能力，钱多了反而是坏事。我常对那些为缺钱而发愁的企业说，恭喜你呀！你犯不了大错误。”

《拉封丹寓言》中讲，有一头布利丹毛驴，它面对两捆干草不知该吃哪一捆好，最后不但一事无成，还竟然饿死了。其实在创业过程中，每个人、每个企业也和布利丹毛驴一样，时时面临着在两捆干草之间做出选择的问题。

人的一生都经历过两难的选择，既然选择了就有取舍。选择总是要经过煎熬，有时候，还要放弃过去所拥有的或所适应的。

在印度的热带丛林里，人们用一种独特的狩猎方法捕捉猴子：在一个固定的小木盒里面，装上猴子爱吃的水果，盒子上开一个小口，刚好够猴子的爪子伸进去，猴子一旦抓住坚果，爪子就抽不出来了。

人们用这种方法捉到猴子，是因为猴子有一种习性：不肯放下已经到手的东西。人们总会嘲笑猴子的愚蠢：为什么不松开水果逃命？可如果审视一下我们个人的行为，也许就会发现，并不是只有猴子才会犯这样的错误。

心灵悄悄话

XIN LING QIAO QIAO HUA

人都有争强好胜的本能，让一个人去争取什么一般没有困难，但若要让一个人舍弃什么却很不容易。高效人士的明智之处在于他们做事懂得有所为，有所不为，能够把握取与舍。

做人低调会减少很多阻力

一个人如果非常强势，在生活和工作中都这样表现出来的话，那么，同样强势的人则不会为你所用。**低调去求这些人才是让强者为你所用的解决之道。**

众所周知，基辛格曾任美国前国务卿。曾为尼克松访华等重大国际事件多次出谋划策。然而，在一开始，基辛格却是尼克松的对头洛克菲勒的人。

在1968年美国大选中，美国纽约州州长、东部财团的代表人物——纳尔逊·洛克菲勒，在与尼克松争夺共和党候选人提名。当时作为哈佛大学教授的基辛格是洛克菲勒的“超级智囊”，在对外政策方面，洛克菲勒特别倚重基辛格的观点。

在大选开始后，基辛格不遗余力地吹捧洛克菲勒，放肆攻击尼克松。他在纽约电台说：“洛克菲勒是能使全国团结的唯一候选人。”他向十几个州的共和党代表呼吁：“在所有的候选人中，尼克松当总统最危险。”“如果他当选，就意味着共和党的完结。”还挖苦说：“建议尼克松去做副总统的候选人，因为他当副总统的经验比洛克菲勒丰富多了。”

基辛格把尼克松骂绝了。但是，不知道是尼克松的魅力太大，还是洛克菲勒的威望太差，基辛格最不愿意看到的事发生了：尼克松不仅获得了共和党人的提名，还当选为第37届美国总统。

尽管基辛格攻击尼克松，但尼克松还是尽弃前嫌，多次派手下人力邀基辛格加入他的幕僚班子。他的手下真是使尽了浑身解数，甚至给基辛格的报酬翻了数番。一开始,基辛格还不为所动,他说:"我对于那些认为我可以被金钱收买的想法感到耻辱和气愤。"即便如此,尼克松仍没有放弃。

当尼克松竞选上总统以后,曾两次亲自约见基辛格,第一次会见进行了三个小时,第二次会见进行了四个小时。尤其是第二次会见。两人竟然都忘记了吃午饭。第二次会见后,尼克松便开始邀请基辛格进入政府班子了。

通过这两次成功约见,基辛格看到尼克松绝非平庸之辈,甚至认为尼克松的坏名声是不应该有的。他后来回忆说:"在对外政策上,尼克松比1956年以来的所有总统候选人都要好。"当然他对这个被自己骂得狗血淋头的总统放下架子来请自己出山也抱有万分感激之情。

基辛格对尼克松的宽宏大量和宽厚无私心怀好感。同时认为尼克松认识人的眼力的确高人一筹。因为他得到了向往已久的国家安全事务助理这一职务。

基辛格进入尼克松的政府内阁的消息传开,政界、知识界和新闻界都对尼克松这个大胆新颖的举动给予了肯定。《国民评论》说:"基辛格当众蔑视总统,尼克松却尽弃前嫌,这自然使人震惊,但这也是值得称许的。"《商业周刊》说:"这有助于总统与学术界的沟通。"哈佛一名教授说:"有基辛格在那里,我们每晚睡得都踏实。"在政界,无论是共和党还是民主党、右派还是左派,都觉得这是可以接受的事实。

尼克松这步棋下得确实令人叫绝,被称为是"出奇制胜的一招",新政府一开局,就赢得了喝彩,尼克松起用基辛格不仅体现了高瞻远瞩的战略眼光,更向外界树立了他低调求贤的良好形象。

事实证明,尼克松的这次低调绝对是一笔划算的买卖。后来,在尼克松上任期间,国际关系发生了显著变化,美国的战略部署被打破,"多极化"格局正在形成。同时,美国陷入越南战争的泥潭,出现了"越战综合症"。国内各种反战运动,各种社会运动此起彼伏,通货膨胀,物价飞涨,美元地位下跌,失业严重。国内危机集中在对待越南问题的态度上。擅长于外交战略谋划的基辛格，对于这些问题的解决起到了不可估量的作用。

强者都是有点自命不凡的人，他们一般都自视甚高，不容易低头求人，所以，要想得到强者为自己所用，就必须先低下自己的头，历史上的刘备，周文王等人求贤时莫不如此。

某公司的女总裁休·海芙纳，在1982年从父亲手中接下的是一家问题很多的公司，每年亏损5 000万美元，利润丰厚的赌场事业已成过去，某杂志本身也仿佛与时代脱节。

刚接手企业时，海芙纳并不像一般人一样迫不及待地想表现自己的能耐，而是刻意地网罗了一群顾问。正如她所说："聪明的人才永远不嫌多。"

海芙纳对巴菲特担任贝克夏·哈塞威企业董事长所创下的惊人业绩早有耳闻。巴菲特是公认的投资奇才，长于发掘有价值的特许权，然后进行长期开发。

她写信给巴菲特，表示有意对某家公司的特许权作长期开发，并且愿意在他到芝加哥、纽约或洛杉矶来时，请他吃午餐。

不到一周，巴菲特即回信说，他很少到那些大都市去，但如果海芙纳遣访奥玛哈，他倒很愿意碰个面。要不然，新年期间他与家人会到圣地亚哥北边的加州海滨去度假，顺便也欢迎她来访。海芙纳没有介意巴菲特的拒绝，而是加紧赶到加州，与巴菲特谈了一下午，获益颇多。日后她又两度亲往奥玛哈造访巴菲特。谈话的结果是，巴菲特同意做她安排的财务主管角色。这样降低自己的姿态求人的做法正是许多管理者的长处。

得到巴菲特作顾问，恐怕是大多数人想都不敢想的。海芙纳之所以能做到这一点，与其低调行事的方式是密不可分的。

低调做人是不可或缺的一种手段，是做人的最佳姿态。一个谦虚谨慎、为人低调者,必能获得成功的青睐,在他们办事的时候也会减少许多阻碍。

沙皇亚历山大常常到俄国四处巡访。一天,他来到一家乡镇小客栈,为进一步了解民情,他决定徒步旅行。当他穿着没有任何军衔标志的平纹布衣走到了一个三岔路口时,记不清哪条是回客栈的路了。

这时,亚历山大看见有个军人站在一家旅馆门口,于是他走上去问道:“朋友,你能告诉我去客栈的路吗?”

那军人叼着一支大烟斗,高傲地把这身着平纹布农的旅行者上下打量了一番。傲慢地答道:“朝右走!”

“谢谢!”亚历山大又问道,“请问离客栈还有多远!”

“一俄里。”那军人傲慢地说,并瞥了他一眼。

亚历山大走出几步又停住了,回来微笑着说:“请原谅,我可以再问你一个问题吗? 如果你允许的话,能告诉我你的军衔是什么吗?”

军人猛吸了一口烟说:“你猜。”

亚历山大风趣地说:“中尉?”

那烟鬼轻蔑地瞥了亚历山大一眼,意思是说不止中尉。

“上尉?”

烟鬼摆出一副更了不起的样子说:“还要高些。”

“那么,你是少校?”

“是的!”他高傲地回答。于是,亚历山大敬佩地向他敬了礼。

少校摆出对下级说话的高贵神气,问道:“假如你不介意。请问你是什么军衔?”

亚历山大乐呵呵地回答说:“你猜!”

“中尉!”

亚历山大摇头说:“不是。”

“上尉!”

“也不是!”

少校走近仔细看了看说:“没想到你也是少校!”

亚历山大镇静地说:“继续猜!”

少校取下烟斗,那副高贵的神气一下子消失了。他用十分尊敬的语气低声说:“那么,你是部长或将军!”

“快猜着了。”亚历山大说。

“殿……殿下是陆军元帅吗?”少校结结巴巴地说。

亚历山大说:“我的少校,再猜一次吧!”

“皇帝陛下!”少校猛地跪在大帝面前,忙不迭地喊道,“陛下,饶恕我!陛下,饶恕我!”

“饶恕你什么?朋友。”亚历山大笑着说,“你没伤害我,我向你问路,你告诉了我,我还应该感谢你呢!”

亚历山大的谦虚态度,赢得了下级更深的敬佩。**低调的人,即使身份显赫也能谦虚地对待周围的朋友。他们平易近人,把自己融于民众当中,也因此得到了大家发自内心的尊重。**

威尔逊以绝对的优势当选为美国新泽西州州长后,他励精图治,在州长的位置上取得了很好的成绩。一次,在纽约出席一个午餐会,主持人在介绍他时,称他为“未来的美国总统”。这自然是对他的刻意恭维,可是威尔逊却不喜欢这样的恭维,因为这样一来,其他在座的人难免有相形见绌之感。

威尔逊是个很低调的人,他懂得低姿态处世的重要性,因此,他起立致辞,在几句开场白之后,他说:“我给大家讲一个故事:有一个人在加拿大喝过了头,结果在乘火车时,原该坐往北的火车,却乘了往南的火车。大伙发现这一情况,急忙给往南开的列车长打电话。请他把名叫约翰逊的人叫下来,送上往北的火车,因为他喝醉了。很快,他们接到列车长的回电:‘请详示约翰逊的姓,车上有好几名醉汉,既不知自己的名字,也不知该到哪去。”

大家不禁笑了起来，威尔逊意味深长地说："我自己感到我在某方面很像这个故事里的人物。自然，我知道自己的名字，可是我却不能像主持人一样，知道我的目的地是哪里。"

听众大笑，威尔逊幽默的谦逊，使众人感觉有了面子，因此，消除了敌对不服的恶意。

真正明白的人是绝不会滥用优点和荣誉，成为众矢之的。懂得低姿态处世的人，总是在危机开始时，就掐灭了苗头。因此，他们的人生会显得顺畅一些。

胜利者在取得伟大成就后仍然保持谦虚，这是最大的英明，也是我们从一个胜利走向另一个胜利和立于不败之地的重要保证。一个真正懂得低调的人，必然是一个谦虚的人，这样的人终将大有作为。

心灵悄悄话

XIN LING QIAO QIAO HUA

谦虚不是故意贬低自己，也不是虚伪的应付。谦虚的态度是基于对自己深刻的认识，是发自内心的真诚。无论在什么场合下。只要你谦虚、不傲慢，低调行事，就会赢得别人的尊重和信任。

低俯一生，留芳万古

有时，稍微低一下头，或许我们的人生路途会走得更精彩。在浩瀚的社会中，每个人都是凡夫俗子，都是那么的渺小。若一个有志青年把奋斗目标看得更高时，那么千万要在生活中保持低调，把自己看轻些，把别人看重些。

一个身材矮小，瘦骨嶙峋的老者，身披粗布外衣，一丝不苟地坐在一架纺车前。两条过分修长的手臂，一只手正在摇着纺车，另一只手抽出了长长的棉线。戴着钢边眼镜的双眼静静地凝视着抽线的手。在印度争取民族独立的斗争中，小小纺车成为他领导和平革命的象征，成为已经觉醒了的印度人民向英国殖民主义者发起的挑战，成为民族团结和自由的标志，这个手摇纺车的人就是印度圣雄——甘地。他的形象似乎有些不起眼，而他的人格却始终放射着光辉。

甘地反抗英国殖民主义统治的斗争始于反对罗拉特法。第一次世界大战中，国大党团结起来，竭尽全力支持英国，以期获得战后的印度自治。英国首相迫于形势压力也做出了这种许诺。但是，战争结束后，英国人不仅没有让印度自治，相反却制定了一项新的严厉镇压人民反抗的法律——罗拉特法。英国人的背信弃义激起了印度人民的极大愤慨。为了反抗英国殖民主义者，甘地做出了一个史无前例的创举：印度全国将以死一般的沉默表示抗议。在令人毛骨悚然的寂静中，组织一次哀悼日，使印度全国完全陷入瘫痪状态。

1919 年4 月6 日，甘地领导全国人民举行哀悼。这一天，印度人关闭商店、停止营业；走出学校，进行罢课。有的到寺庙里去祈祷；有的干脆闭门不出，以示声援甘地的反抗心声。甘地祈求神灵："让整个印度沉寂无声吧！让印度的压迫者们聆听这沉默的启示吧！"甘地的祈祷发挥了效力，印度人民被发动了起来，他们从驯服的奴隶开始变为反抗的斗士。

1919 年 4 月 13 日发生的阿姆利则惨案使甘地彻底失去了对大英帝国的幻想。那一天，旁遮普省阿姆利则市的数千名居民为抗议英国人对该城采取的报复措施举行和平游行示威。集会遭到英国人的禁止。当时，游行人群刚刚在广场上聚集起来，突然该城军区司令戴尔率领 50 名英国士兵闯进会场，向人群开枪射击，打死打伤 1516 人。这一惨案使甘地得出结论：英国人再也不配享有印度人民的好感和合作。由此，他产生了不合作的思想，以"不合作运动"作为他的行动纲领，指导印度人民的反抗斗争。他呼吁印度人民在各个方面抵制英国：学生罢课抵制英国人开办的学校；律师抵制英国人的法庭；政府官员拒绝在英国机构任职等。至此，甘地把他在南非形成的非暴力思想同不合作思想结合起来，形成了著名的"非暴力不合作"思想。

在之后的几十年内，甘地共发动了四次大规模的非暴力不合作运动，最终迫使英国人退出了印度。不过，甘地发动的四次非暴力不合作运动，从其直接目的看都没有实现。但是从印度争取民族独立的历史长河中看，这些运动都发挥出了巨大作用，正是由于这些运动，才迫使英国当局于 1947 年 8 月 16 日同意了印度独立。产生这一结果的原因绝非偶然，因为甘地的不合作运动深刻地动摇了英国殖民主义统治的基础。

英国殖民统治者以极少的兵力统治着有 3 亿人口的印度，其原因之一便是印度人民善良、驯服的民族特点。自从英国女王宣布印度成为"日不落帝国"的一块殖民地那天起，印度人民很少起来反抗，他们在殖民者的高压政策下，逆来顺受，度过了长达百年的漫漫长夜，至多不过有一部分知识分子采取合法的手段，向殖民者发出一些微弱的抗议和要求。

但是，甘地倡导的非暴力不合作运动却彻底改变了印度人民这种驯服的性格，把全印度的人民都发动了起来跟殖民主义者作斗争。甘地曾经这样说过："英国人妄图迫使我们到机枪阵地与他们较量，因为他们手里有武器而我们却没有。我们击败他们的唯一办法是，把决斗引到我们有武器而他们没有武器的地方。”这个地方就是非暴力不合作主义的战场。

在这块战场上，印度人民完全被发动起来了，从婆罗门、刹帝利、吠舍、首陀罗到不可接触的“贱民”，从印度教徒、穆斯林、基督教徒到犹太教徒，从老人、中青年到幼小的孩子，从男人到一直受奴役受压迫的妇女，大家在各自的工作岗位上，从各个领域一齐向殖民当局展开了斗争。他们一次次地使印度社会陷于瘫痪状态，一次次地迫使殖民当局无法运转其统治机器，一次次地削弱英国人的力量，一次次地震撼着人们的灵魂。总而言之，甘地的非暴力不合作运动发动起了印度全国人民，对殖民当局构成了致命的威胁。

不但如此，非暴力不合作运动还使印度人民彻底丢掉了幻想，摆脱了恐惧。正如尼赫鲁所说：“在英国统治下的印度人的主要心情就是恐惧，是一种普遍渗透的使人窒息的绞勒一般的恐惧；怕军队，怕警察，又怕广布各地的特务；怕官吏阶级，怕那意味着镇压的法律，还怕监牢；怕地主的代理人，怕放债人；怕经常待在门口的失业和饥饿。正是在这种弥漫一切的恐惧中，甘地的镇静而坚决的口号响起来了：‘不要怕……’不合作运动鼓舞人们毫无畏惧地坚持真理。于是，人民肩头上的一层恐惧的黑幕就这样突然地揭掉了。”

面对这样一支强大而又人员众多的非暴力运动大军，英国殖民当局束手无策。面对这支大军的独一无二的领袖圣雄甘地，更是爱恨交加。他们对甘地恨之入骨，恨不得将他置之死地而后快。他们对甘地既怕得要命，怕印度人民跟着他走，形成一股强大的不合作力量，动摇英国殖民统治的基础。同时他们又离不开甘地，担心没有了甘地，印度人民会脱离非暴力斗争的轨道而走上暴力斗争的道路。

无论如何，印度人民还是跟着甘地走了。尽管他们时不时地采取一些暴力手段，但在总体上，他们仍然沿着甘地指出的道路前进着。英国当局迫于战后世界风起云涌的民族独立运动和甘地非暴力不合作运动产生的结果,不得不派出一位年轻有为的印度副王蒙巴顿勋爵前往印度处理印度独立的有关事宜。蒙巴顿同甘地以及印度其他几位宗教领袖经过几轮较量之后,终于于1947年6月向全世界公布:“1947年8月15日,将正式宣布印度独立。”

在印度正式独立这个历史性的夜晚,圣雄甘地平静地和他的同伴们同住在新德里贞利亚加塔大街一座寓所里,按照他以往的生活习惯,躺在铺在地上的一块椰树叶编成的席子上,当午夜12点的钟声敲响时,当印度正式步入自由和独立的时刻,甘地正在沉睡。这位印度人民的伟大领袖便是以这种方式迎接他为之奋斗了30年的民族独立的。

甘地是印度历史上的一个奇迹,也是人类历史上的一个特殊现象。他的伟大人格几乎举世公认。他具有赤诚的爱国热诚,崇高的牺牲精神,追求真理的执着信念;他具有坚强的意志,坚忍的耐心,随机应变的本领;他待人谦恭、诚实、光明磊落,不分贵贱善恶一视同仁,没有种族歧视和宗教偏见;他注重实际,反对空谈;他关心下层人民疾苦,善于体察民情并始终与人民群众打成一片;他生活清苦,安贫乐道;他尊重女性,提倡人的精神完善和社会和谐;他的道德修养堪称楷模。正因为如此,甘地这位身材矮小、其貌不扬的东方人博得了不同民族、信仰和阶级的人的敬仰和爱戴。尽管他去世已经将近50年了,他为人类留下的一些“遗产”仍然值得后人咀嚼、品味。

作为一位出色的政治领袖,他低调做人,不张扬,没有个人野心。有不少政治领袖,尽管他们在带领人们打江山的时候表现极为出色,但是在权力的争夺上也往往不择手段。然而,甘地却没有这样做,甚至想都不曾想过。在他那颗智慧的大脑中,除了国家和民族的利益外,从来没有自己的地位。因此,他从来不去争夺党和国家的权力,尽管他有十足的把握获得这些权力。恰恰相反,他不仅辞去了党的领袖的职务,而且拒不到政府任职,以致在全国人民庆祝印度获得新生的时候,他却躲在自己的小屋内用纺车纺棉花。

作为一名虔诚的印度教徒,甘地拖着布满伤痕的双脚,走遍了印度遥远的偏僻地区，巡视了成千上万个村庄。甘地云游四方，几乎一无所有，两袖清风，全部财产仅仅是一部《薄伽梵歌》，一套白铁餐具（在耶拉维达监狱羁旅期间的用品）、一尊象征教祖的三只猴子的小雕像、一只用细绳系在腰部的价值8个先令的英格索尔老怀表。他没有教派偏见。历史上不同教派之间的争执、冲突甚至兵戎相见的事例举不胜举，而甘地作为印度教的首领却没有丝毫门派之见。在他随身携带的书籍中，不仅有印度教经典，而且有伊斯兰教和犹太教的经典，并且他还能够把它们兼收并蓄，灵活运用。在印度这块宗教、种族冲突相当严重的国度里，甘地对人民一视同仁，甚至为了挽救穆斯林难民而不惜引起自己同教者的不满，以致最后死在同教者的枪口下。

尽管在世界国家领导人的名字中没有"甘地"，但谁都知道"甘地"这个响亮的名字。

甘地是伟大的，此躯虽微，其形昊昊；此生虽短，其名悠悠。

心灵悄悄话
XIN LING QIAO QIAO HUA

低头是一种能力，它不是自卑，也不是怯弱，它是清醒中的一种嬗变经营。一次善意的低头，其实是一种难得的境界。现实生活中，自认怀才不遇的人，往往看不到别人的优秀，愤世嫉俗的人，往往看不到世界的美好，所以只有敢于低头并不断否定自己的人，才能够不断吸取教训，才会为别人的成功而欣喜，为自己的善解人意而自得，才会在挫折面前心安理得。

放低姿态是自我保护

纵观历史，看历代功臣，能够做到功盖天下而主不疑，位极人臣而众不妒，实在是少而又少。最重要的原因是他们不懂得低调做人，不明白放低姿态才是自我保护的最佳途径。深谙低调行事之道的人，不管位有多高，权有多重，周围有多少妒贤嫉能的人，都能在危机四伏的世界中为自己保留一席之地。

郭子仪是晚唐时期的重臣，他屡立战功，被封为汾阳王之后，王府建在长安。自从王府落成之后，每天都是府门大开，任凭人们自由进出。

有一天，郭子仪帐下的一名将官要调到外地任职，特地来王府辞行。他知道郭子仪府中百无禁忌，就一直走进内宅。恰巧他看见郭子仪的夫人和他的爱女两人正在梳妆打扮，而郭子仪正在一旁侍奉她们，她们一会儿要王爷递手巾，一会儿要他去端水，使唤王爷就好像使唤仆人一样。这位将官当时不敢讥笑，回去后，不免要把这情景讲给他的家人听。

于是一传十，十传百，没几天，整个京城的人们都把这件事当作茶余饭后的笑话来谈。

郭子仪的几个儿子听了觉得大丢王爷的面子，他们相约，一起来找父亲，要他下令像别的王府一样，关起大门，不让闲杂人等出入。

儿子跪在郭子仪的面前说："父王您功业显赫，普天下的人都尊敬您，可是您自己却不尊敬自己，不管什么人，您都让他们随意出入内宅。孩儿们认为，即使商朝的贤相伊尹、汉朝的大将霍光也无法做到您这样。"

郭子仪收敛笑容，叫儿子们起来，语重心长地说："我敞开府门，任人进出，不是为了追求浮名虚誉，而是为了自保，为了保全我们的身家性命。"

儿子们一个个都十分惊讶，忙问这其中的道理。

郭子仪叹了口气，说道："你们光看到郭家显赫的地位和声势，没有看到这声势丧失的危险。我爵封汾阳王，没有更大的富贵可求了。月盈而蚀，盛极而衰，这是必然的道理。所以，人们常说急流勇退。可是，眼下朝廷尚要用我，怎肯让我归隐？可以说，我现在是进不得也退不得，在这种情况下，如果我们紧闭大门，不与外面来往，只要有一个人与我郭家结下仇怨，诬陷我们对朝廷怀有二心，就必然会有专门落井下石，妒害贤能的小人从中添油加醋，制造冤案。那时，我们郭家的九族老小都要死无葬身之地了。"

要懂得放低姿态以自我保护，这是一个真理。在社会日益激烈的竞争中，在越来越复杂的人际关系中，要想立于不败之地，除了加强自身修养，提高自身素质之外，还要注意处世方式，而且，低调做人还会让你得到意想不到的收获。

保罗是一个工厂的老板。有一次，生产线上有一个工人喝得酩酊大醉后来上班，吐得到处都是。厂里立刻发生了骚动：一个工人跑过去拿走他的酒瓶，领班又接着把他护送出去。

保罗在外面看到这个人昏昏沉沉地靠墙坐着，便把他扶进自己的汽车送他回家。这个员工的妻子吓坏了，保罗再三向她表示什么事都没有。"不！史蒂夫不知道。"她说，"老板不许工人在工作时喝醉酒。史蒂夫要失业了。"保罗当时告诉她："我就是老板，史蒂夫不会失业的。"

回到工厂，保罗对史蒂夫那一组的工人说："今天在这里发生的不愉快，你们要统统忘掉。史蒂夫明天回来，请你们好好对待他。长期以来他一直是个好工人，我们最好再给他一次机会！"

史蒂夫第二天果真上班了。他酗酒的坏习惯也从此改过来了。

一年后,地区性工会总部派人到保罗的工厂协商有关本地的各种合同时,居然提出一些令人惊讶、很不切实际的要求。这时,沉默寡言,脾气温和的史蒂夫立刻领头号召大家反对。他开始努力奔走,并提醒所有的同事说:"我们从保罗先生那里获得的待遇向来很公平,用不着那些外来人告诉我们应该怎么做。"就这样,他们把那些外来的人打发走了,并且仍像往常一样和气地签订合同。

保罗的低调处理获得了成功,他给了史蒂夫一次机会,史蒂夫回馈了保罗一份事业上的"保险"。这就是低调做人的魅力。

民间有句谚语:"低头的是谷穗,昂头的是稗子。"意思是说,谷穗越成熟果实越饱满,头便垂得越低;而稗子总是整天抬高头颅,显示自己。**人生一辈子,当肩上承担的负荷重得让人喘不过气来的时候,就要学会低头。**

富兰克林年轻时才华横溢,但同时也很骄傲轻狂。有一天,富兰克林去拜访一位长者。到长者住所时,他准备昂首阔步地进门,但是因为房门太小了,他的头被门框狠狠地撞了一下,奇痛无比。

出门迎接的前辈看着他这副样子,笑笑说:"很痛吧?可是,这将是你此行的最大收获。一个人想立足于世间,想要过得平安顺利,就得常常低头,放下身段。记得要吸取这个痛的教训,这也是我要教给你的道理。"

富兰克林猛然醒悟,并且找到了自己许多社交失败的真正原因。从此,时时刻刻不忘低头成为富兰克林一生的生活准则之一,他从此改掉了骄傲的毛病,决心做一个谦逊的人。也就是因为具有了这一美德,他得到了人们的广泛支持,在事业上取得了巨大成功,成了美国开国元勋之一。

趾高气扬、咄咄逼人的态度很容易使对方产生反感的情绪，从而使自己陷入被动。当你想进入一扇门，就须低头比门框矮；要想登上成功的顶峰，就得弯腰做好攀登的准备。如果行事能低头，那么事情会变得更顺畅。

大海之所以能够汇合最多的水，是因为它所处的位置最低。低处，并不是看不到光明；低处，不是没有成功的希望。反之，低处，是考验，是功到自然成；低处，是锻炼，顽铁百炼可成钢。

秦汉时期，匈奴冒顿杀死了自己的父亲，顺利地登上了单于的宝位。东胡当时强盛，曾派使者对冒顿说，希望能得到头曼单于生前的一匹千里马。冒顿召集了身边的各路大臣商量此事，大臣们一致认为不能把千里马给他们，这可是匈奴的宝马。冒顿不然，说怎么能和人家做邻居却舍不得一匹马呢？而后便把千里马送给了东胡。

东胡人以为冒顿害怕自己，一段时间过后，便又派使者前去对冒顿要求献上一名妻子。冒顿而后召来大臣商量，说了这件事，愤怒的大臣们说东胡得寸进尺，竟敢索要阏氏，请您允许我们率兵讨伐他们。然而冒顿却说怎么能和人家做邻居而吝惜一个女人呢？结果把阏氏送给了东胡。

狂妄的东胡以为冒顿害怕他们，竟向西发动侵略。在匈奴和东胡之间有一片荒芜地带，没有人居住，两国本来都各自在自己的边缘地带设立守望哨所，东胡想要独自霸占它。而后东胡派使者对冒顿说，边界哨所相接壤的荒弃地区，匈奴人不能到达那里，所以想要拥有它。

冒顿与大臣们商量，有大臣说这块地方没有多大用处，让给他们也没有关系。但这却惹怒了冒顿，便生气地说道，土地是一国之本，怎么可以随便送人呢！之后便把凡是主张将土地让给东胡的人全部杀掉了。然后自己上战马率军攻打东胡，并命令后退者斩。由于东胡过于骄傲而没有多加防备，冒顿率兵直奔东胡时，东胡很快就被击溃了，就这样冒顿很顺利地打败东胡军队，杀死东胡王，掠走了东胡的百姓和牲畜。

所以说，懂得低头，一个人就会放下身段，仔细反省自己，找到自己的不足。正视自己的缺点，就会卸去重担，抛下一些没必要的负担，从而放松自己，愉悦身心。

心灵悄悄话

XIN LING QIAO QIAO HUA

要想求得发展，首先应该保全自己，自我保护是立足于世的第一步。然而很多人都不懂得自我保护，尤其是一些位高权重、才华横溢、富可敌国之人，被自身耀眼的光芒所迷惑，没有意识到这正是祸害的起始。

谨慎张扬自己的个性

谁都认为个性很重要，特别是年轻人，他们最喜欢谈的就是张扬个性。他们最喜欢引用的格言是：走自己的路，让别人去说吧！

时下的种种媒体，包括图书、杂志、电视等，都在宣扬个性的重要性。

我们可以看到，许多名人都有非常突出的个性，不管他是一个科学家，还是一个艺术家或者军事家。**爱因斯坦在日常生活中非常不拘小节，巴顿将军性格极其粗暴，画家凡·高是一个缺少理性、充满了艺术妄想的人。**

名人因为有突出的成就，所以他们的许多怪异的行为往往被社会广为宣传，以致有些人甚至产生这样的错觉：怪异的行为正是名人和天才人物的标志，是其成功的秘诀。对此我们只要分析一下就会发现，这种想法是十分荒谬的。

名人确实有突出的个性，但他们的这种个性往往表现在创造性的才华和能力之中，也就是体现在艺术风格上，而不是体现在他们高人一等的傲气上。"如果说我比别人看得更远一点，那是因为我站在了巨人肩上的缘故"，这是大科学家牛顿说的话。其他名人的心态又何尝不是如此呢？正是他们的成就和才华，使他们的特殊个性得到了社会的肯定。如果换了一个没有多少本领的常人，他们的那些特殊行为可能只会得到别人的嘲笑。

年轻人为什么那么喜欢谈个性，那么喜欢张扬个性呢？我们先来探讨一下年轻人所张扬的个性的具体内容是什么。

年轻人张扬的个性相当一部分来自他们年轻气盛的自我表现欲，是

一种希望别人崇拜自己的行为。年轻人有许多情绪,他们希望畅快地发泄自己的情绪。他们不希望把自己的行为束缚在复杂的条条框框中。所以,年轻人喜欢张扬的个性与那些“天才”或伟大人物所表现的个性张扬是不同的两种做人姿态。

张扬个性肯定要比压抑个性舒服。但是如果张扬个性仅仅是一种任性,一种意气用事,甚至是对自己的缺陷和陋习的一种放纵的话,那么,这样的张扬个性对你的前途肯定是没有好处的。

年轻人非常喜欢引用但丁的一句名言:“走自己的路,让别人去说吧!”

但作为一个社会中人,我们真的能这么“洒脱”吗?比如你走在公路上,如果仅仅走自己的路而不注意交通规则,警察就会来干涉你,会罚你的款。如果你走路不注意安全,横冲直撞,还有可能出车祸。所以,“走自己的路,让别人去说吧”,这种态度在现实生活中是不大行得通的。

社会是一个由无数个体组成的人群,我们每个人的生存空间并不很大。所以当你想伸展四肢舒服一下的时候,必须注意不要碰到别人。当我们张扬个性的时候,必须考虑到我们张扬的是什么,必须注意到别人的接受程度。如果你张扬的这种个性是对别人人性的压抑和欺负,那么你最好的选择是把它改掉,而不是去张扬它。

我们必须注意:不要使张扬个性成为我们纵容自己虚荣心的借口。社会需要我们创造价值,社会首先关注的是我们的工作品质是否有利于创造价值。个性也不例外,只有当你的个性有利于创造价值,是一种生产型的个性时,你的个性才能被社会所接受。

巴顿将军性格粗暴,他之所以能被周围的人接受,原因是他是一个优秀的将军,他能打仗,否则他也会因为性格的粗暴而遭到社会的排斥。

所以我们应该明白:社会需要的是被公众所接受的个性,只有你的个性能融合到创造性的才华和能力之中,这种个性才能够被社会接受。如果你的个性没有表现出一种相容性,仅仅表现为一种脾气,它往往只能给你带来不好的结果。

要想成就一番事业，你应该把个性表现在创造性的才能中，尽可能与周围的人协调一些，这是一种成熟、明智的选择。也只有这样，你才有张扬自己个性的必要。

社会上绝大多数人都是居于平民阶层的普通人。那些居于高位的人，如果不能保持低调做人的本色，就会与大多数人产生距离甚至隔阂，其间就像多了一层隔板，在沟通上造成障碍。所以，从这一意义上说，地位越高的人，越应该保持低调做人的本色。只有收住自己，才能收住人心，只有摆平自己，才能摆平他人。

要学会低调地处理人与人之间的关系，学会一视同仁。不要厚此薄彼，不要用势利眼和有色眼镜看人看社会。也不能因外界或个人情绪的影响，对人对事表现得时冷时热。

在实际生活中，绝大多数人都愿意接触与自己爱好相似、脾气相投的人，这在无形中也就可能冷落了其他一些人。因此，要想低调做人就要适当地调整心态，增加与那些性格爱好和自己不同的人的交往，尤其对那些曾反对过自己的人，更需要经常与他们交流感情，防止造成不必要的误会与隔阂。有的领导者对工作能力强、使用起来得心应手的下级较关心和喜欢，而对工作能力较弱或话不投机的下级则关心较差。这样时间长了，彼此关系就会逐渐疏远，上下级之间产生距离。

在低调做人方面有些伟人堪称我们的楷模。

由于工作关系，周恩来生前到北京饭店的次数特别多。每次去，他总喜欢在饭店内走动，同店里的领导、服务人员见见面，打打招呼，了解他们的工作和生活情况。饭店里所有的职工都对周恩来有一种特殊的感情。和周恩来共事的人，除了把他看成领袖，还会从内心把他当成良师益友。中南海摄影师徐肖冰说，周恩来与人交往时，并不是把自己当作官，他发自内心地把自己看作普通人中间的一员。和周恩来谈话，无须“仰着脸”。他不是高高在上，他就在你我中间。

正因为这样，周恩来赢得了所有下属和人民的心。下级人员把他当作自己的亲人，不仅同他谈话，渴望听到他的声音，并喜欢把自己的愿望和要求告诉他，把心掏给他。所以，周恩来能够从下级及人民群众那里听到最真切的话语，获得最多的情感支持。

玛格丽特·杜鲁门在写她父亲杜鲁门总统的传记时，也曾多次提到她的父亲低调做人的感人故事：

“父亲不愿意用他办公桌上的铃声下命令来传唤人，十有九次都是他亲自到助手的办公室去，在偶尔传唤别人的时候，他都会到他的橡树厅门口去接……”

“父亲在处理白宫日常事务时，总是这样体贴别人，一点也不以尊者自居。他之所以能够使周围的人对他忠心耿耿，其真正的原因即在于此。”

人人都无法离群索居，你一生都得与人相处。在家庭、学校和社会，你都是其中的成员、分子、角色之一。你必须在你的环境内与其他人平等融洽地相处，这样你才会拥有幸福快乐的成功人生。

心灵悄悄话
XIN LING QIAO QIAO HUA

你若想过上快乐的生活，拥有成功的人生，就必须收起那张不讨人喜欢的高傲面孔，应翘起嘴角，放松眉头，用你可爱的笑脸去面对周围所有的人。因为你的形象不是用高傲的架子支起来的，而是用低调的心态铺就而成的。

谦逊是一种生活的态度

谦逊是一种生活的态度，更是人生高雅的体现。“满招损，谦受益”，站的位置不管有多高都要仰视别人，那样才能够看得更远，学得更多。

人生中总会遇到鲜花和掌声，在这种万人瞩目的时候，能够报以淡然的一笑，不仅是素质的体现，而且是内涵和修养的彰显。但有的人会在此刻显得骄傲，不知道内敛，不知道那山还比这山高的道理，而这只会让自己的庸俗更快地显露。

宋朝时候，安阳县有个叫杨二的人，他以拳术高超闻名乡里。他能用自己的两肩把装满粮食的船扛起来；几百人用竹篙刺他，只见竹篙寸寸断裂，不见他滴一点血。他也招收徒弟授以武艺，每当他去武场传授技艺时，观众们挤得密密实实，像围墙一样。

一天，有个老态龙钟的卖蒜老汉在一旁观看杨二耍棍时不时地流露出讥笑的表情，并且时不时地摇头，一副不以为然的样子。

杨二的一个随从发现了，便告诉了杨二。杨二听后暴跳如雷，请了很多人来作证，要与老人比试，还让老人立下了生死契约文书。

老汉主动提出让杨二先休养3天，补充元气。3天后他会让人把自己缚在树上，解开衣服，露出肚皮让杨二捶打。3天后，老人如约而来。杨二叫人把老人缚在树上，扑上去狠击老汉一拳。老汉寂然无声。杨二却双膝跪倒，磕头求饶。众人这才发现原来他的拳头陷入老汉的肚腹，怎么拔也拔不出来。老人把肚皮一松，他就跌出十几米以外去了。

老汉没有言语地背起装着大蒜的口袋走了，没有人知道他的姓名，来自哪里。看着他默默远去的背影，众人不约而同地为他鼓起掌来。

自以为实力强大，殊不知在别人看来也许一文不值。山外有山，天外有天，所以，一个人千万别把自己太当回事，否则你就会迷失自我，看不清方向，沉浸在一片欢声笑语的赞美里而洋洋得意。也许在某个特定的位置或别人欠缺的地方占有优势，那也不是恒久不变的。如果太把自己当一回事，就会被自己烦恼，在自己的世界里徘徊不前，看不到进步。

古时候山西上党地区有一个叫张才的画家，特别擅长画荷花，他画的荷花像刚摘下来的一样。因此在家乡很有名气，但他却自命不凡，瞧不起人。有一年，一个叫李真的秀才进京赶考途经上党，听说了张才的大名，很想去拜访他。

李真，通晓诗书，精于绘画，但他的老师劝他不要过早炫耀自己的学问。他听从老师的嘱咐，为人低调，不张扬，名气也不大。

第二天，李真去登门拜访张才，但吃了闭门羹，因为张才认为自己是高人而李真是无名之辈，见他有辱自己的身份。

过了一天，这个地方正逢赶集，张才也拿自己最近的绘画作品去市场摆摊出售，他的作品引起周围人的满堂喝彩。李真正好也来赶集，很快知道了卖画的就是自己想拜见的张才。他走上前去，说："我是个读书人名叫李真，久仰先生大名，很想和先生切磋切磋，今天我已在旅店略备薄酒，向先生请教。请跟从我来。"张才不以为然，但又不好意思推辞，因为周围有许多人。

张才跟李真来到旅店，走到屋内的一竹帘前，李真把路让开，做个"请"的手势，张才挺起胸脯去掀帘子，可是费了九牛二虎之力还是掀不动。等他定睛一看，这哪里是真竹帘？而是李真作的一幅画！张才羞愧地低下头，谦恭地向李真赔罪。自此，中国又多了一句歇后语：墙上挂竹帘——没门。

这个故事告诉我们，当自己在事业小有名气时，别把自己太当回事，“山外有山，天外有天”，要放平心态，自己的事业才有更大的发展。可是更多的时候是我们经过一番努力取得了一番业绩时，常常自我陶醉，一味夸大自己的成绩，把别人不当回事，自以为自己在别人心目中有很高的地位，对自己的缺点视而不见，引起别人的反感，也不利于自己的进一步发展。

自我表现应该说是人类的天性。在现代社会中，每个人都渴望在竞争中脱颖而出，充分展示个人风采。这也是适应激烈挑战的必然选择。但是，当我们展现自我才华的时候，要注意在不同的时间、地点、场合的表现要恰如其分。不分场合、情境的高调表现自己会产生一种压力，引起别人的反感。从而使自己的人际关系产生危机，甚至会和许多机会擦肩而过，使本来应该辉煌的人生之路变得暗淡无光，反而和表现自己的初衷背道而驰。

唐代著名的诗人、词人温庭筠，从小就文采出众，才思敏捷。每次参加科举考试的时候，别人对那些试题都要苦思很久，可他却能在顷刻之间完成。据说，他只要把手交叉八次，就能做出一篇八韵的赋来。所以，当时的人都叫他“温八叉”。按说，温庭筠有这样的才华，早就应该金榜题名，青云直上了。可他屡次参加进士考试，却始终没有中第。

原来，温庭筠有一个习惯。由于他富有才华，所以在考场上早早就答完了考卷。剩下的时间，他不肯闲着，就开始帮助起左邻右舍的考生来，替他们把卷子一一做完。那些考生自然对他感恩戴德，但却引起了主考官的不满，多次将他黜落。后来，他这个名声越传越远，弄得人人皆知。主考官就命令他必须坐到自己跟前来，亲自看着他。温庭筠对此不满，还大闹了一场。可即使这般严防，温庭筠还是暗中帮了八个考生的忙，自然，他自己又是名落孙山了。

考了十几次还没有中第的温庭筠渐渐对科举考试失去了希望。他投到丞相令狐绹的门下去做幕客，替丞相代笔写些公文、诗词。令狐绹很看重他的才学,给他的待遇也十分优厚。但温庭筠却恃才自傲,对这位丞相特别看不起。

有一次,皇帝赋诗,其中一句有“金步摇”,令大臣们作对。令狐绹对不出来,就去问温庭筠。温庭筠告诉他可对“玉条脱”。令狐绹不知道是什么意思。温庭筠就说“玉条脱”的典故来源于《南华经》,并不是什么生僻的书。丞相在公务之暇,也应该多看点书才是。言下之意,就是讥讽令狐绹不读书。令狐绹十分不高兴。又因为皇帝喜欢《菩萨蛮》的曲调,令狐绹就让温庭筠为自己代填了十几首进献给皇帝,还特别嘱咐温庭筠千万不要把这件事泄露出去。可温庭筠却将此事大肆宣扬,使得尽人皆知。令狐绹就对他更加不满了。

温庭筠对令狐绹的为人颇为鄙视,还经常作诗讥讽他。令狐绹作了宰相,因为自己这个姓氏比较少见,族属不多,所以一旦有族人投奔,都悉心接待,尽力帮助,有很多人都赶来找他,甚至于有姓胡的人也冒姓令狐。温庭筠讽刺道:“自从元老登庸后,天下诸胡悉带令。”他还看不起令狐绹的不学无术,说他是“中书省内坐将军”,虽为宰相却像马上的武夫一样粗鄙。令狐绹得知这些事情,就更加恨他了,后来温庭筠又想参加科举考试,令狐绹奏称他有才无行,不应该让他中举。就这样,温庭筠终身与科举及第无缘。

温庭筠喜欢表现自己,因此得罪了主考官,得罪了宰相,还觉得不够,又把皇帝也得罪了。唐宣宗喜欢微服出行,一次正好在旅馆碰到了温庭筠。温庭筠不知道他是当今天子,言语中对他很不客气。皇帝认为他才学虽优却德行有亏,把他贬到一个偏僻小县去作了县尉。

温庭筠一直当着各式各样小得不能再小的官,穷困潦倒。有一次他喝醉了酒而犯夜,被巡逻的兵丁抓住,打了他几个耳光,连牙齿也打折了。那里的长官正好是令狐绹,温庭筠便将此事上诉于他,可令狐绹却记着当年的旧恨,并未处置无礼的兵丁,却因此大肆宣扬温庭筠的人品是如何糟糕,后来这些关于他人品的差劲的话传到了京城长安,温庭筠不得不亲自到长安,在公卿间广为致书,申说原委,为己辩白冤屈。

这个时候，他对于自己过去恃才凌人的做法感到后悔，写诗有“因知此恨人多积，悔读《南华》第二篇”之句。可是这种悔悟并没有使他吸取教训。后来，他做了国子监考试的主考官，又忍不住自我表现了一回。按照一般规矩，国子监考试的等第都是由主考官而定，并无公示的必要。温庭筠可能是饱受科举不第之苦，又对自己的眼光特别有自信，于是别出心裁，将所选中的三十篇文章一律张榜公开，表示自己的公平。他觉得自己的眼光很高，态度公正，所以并不害怕“群众监督”。可他选中的文章中有很多都是指斥时政的，温庭筠还给了这些文章很高的评语，不免让那些权贵们心中不满。后来，丞相杨收干脆找了个理由，把他贬到外地，温庭筠郁郁不快，还没有到贬所就因病去世了。

像温庭筠这样才华横溢之人，本来是应该有一番大作为的。可是，他却不懂得低调做人，太喜欢表现自己的才华，甚至不分场合，不分对象。所以，他的才华不但没有成为成功的助力，反而却处处招惹是非，使他丧失了很多本来应该把握的机会，潦倒终身。可以说，他的仕途是被他自己亲手断送的。

心灵悄悄话
XIN LING QIAO QIAO HUA

那些有着满腹才华的成功者，懂得低调处世的重要性，往往不会恃才自傲，反而表现得平易谦逊，这才是有着真正的大智慧。“空心的稗子高傲地举头向天，而充实的谷穗则低头向着大地”，就说明了这个道理。

低调是做人的必然要求

低调做人是一种境界,一种风度,一种修养,一种去留无意的胸襟,一种宠辱不惊的情怀。这不仅是一种做人的标准,也是一门做人的艺术。除了无行为能力者外,我们绝大多数人都迟早要融入社会生活中去,那么,我们在社会上如何才能做到既生活得坦然、潇洒,又行走得游刃有余,避免遭受打击和伤害呢?要知道,我们所面对的这个社会有着各种各样的条条框框,你只有符合了这些条条框框的要求,才有资格跨进社会门庭,实现壮丽人生。

孟买佛学院是印度最著名的佛学院之一。这所佛学院之所以著名,除了它的建院历史久远、建筑辉煌和培养出了许多著名的学者之外,还有一个特点是其他佛学院所没有的。这是一个极其微小的细节,但是,所有进入这里的人,当他再出来的时候,几乎无一例外地承认,正是这个细节使他们顿悟,正是这个细节让他们受益无穷。

这是一个很简单的细节,只是许多人都没有注意:孟买佛学院在它的正门一侧又开了一个小门,这个小门只有一米五高、四十厘米宽,一个成年人要想过去必须学会弯腰侧身,不然就只能碰壁了。

这正是孟买佛学院给它的学生上的第一堂课。所有来校的新生,教师都会引导他到这个小门旁,让他进出一次。很显然,所有的人都是弯腰侧身进出的,尽管有失礼仪和风度,但是却达到了目的。教师说,大门当然出入方便,而且能够让一个人很体面很有风度地出入。但是,有很多时候,我们要出入的地方并不都是有着壮观的大门的。这个时候,只有暂时放下尊贵和体面的人,才能够出入。否则,有很多时候,你就只能被挡在院墙之外了。

佛学院的教师告诉他们的学生，佛家的哲学就在这个小门里，人生的哲学也在这个小门里，尤其是通向这个小门的路上，几乎没有宽阔的大门，所有的门都是需要弯腰侧身才可以进去的。

我们不全是佛教徒，但我们同佛教徒一样，要走完自己的人生之路。**要使自己在人生旅途中一帆风顺，少遇挫折，学会“弯腰、低头、侧身”，对每个人来说都是一门必不可少的修炼，而低调做人正是这种修炼的最佳境界。**

有一位哈佛大学毕业的经济学博士来到墨西哥海岸度假。一天，一位渔民拎着几条大鱼从一条小渔船上下来，看到这位博士，便热情地邀请他到家中做客。这位渔民的妻子烹制了非常可口又别具风味的小吃，又邀来几位邻居与这位博士小酌，博士感到从未有过的惬意。高兴之余，他对这位渔民说，我是学经济的博士，我可以帮助你致富并出人头地。他说：“你可以每天多打些鱼，除了自己吃还要去卖。”渔民说：“卖了钱做什么呢？”博士说：“钱攒多了就可以再买一条船去捕更多的鱼，卖更多的钱。”渔民说：“钱多了做什么呢？”博士说：“钱足够多了，你就可以组织一个船队去捕鱼，然后就不卖鱼了，自己成立一个鱼罐头加工厂，自己当老板，那时你就能挣到更多的钱了。”渔民又问博士说：“以后我还做什么呢？”博士说：“以后你当上大老板，就不用再辛辛苦苦地操心了，你就可以时常回到家中，同几个朋友在凉爽的海滩旁烹上一条鲜鱼，喝点美酒，抛开商场上、官场上的争斗，回归到平淡和自然中来，那时你是多么幸福啊！”听到这，渔民问博士说：“你说的那种结局是不是就像我们现在这样呢？”博士喝了口酒，想想说：“是的，是的。”

最后这位渔民说：“我们这里曾有出去寻找出人头地的人，但没见过有出人头地的人回来。我们这样生活已经有几代人了，却也是怡然自乐。”

这不是寓言故事，是美国经济学博士波奇的一段亲身经历。后来他说，他最向往的就是墨西哥渔民那样的生活。

这位墨西哥渔民的姿态就是一种低调做人的哲学透镜，它反射出一种朴素、平和与自然的情调，并在出世与入世的平衡中向我们提供了低调做人的终极启示。

孟子曰："人不知而不愠，不亦君子乎！"可是人不知我，我心里一定老大不高兴，这是人之常情。尤其是年轻人，总是希望在最短的时间内让别人知道你是个不平凡的人。

要使别人知道自己，当然先要引起大家的注意；而要引起大家的注意，只是从言语行动方面努力的话，会很容易在言语或行动中锋芒毕露。

锋芒是激励别人的有效方法，但若仔细看看周围一些有人缘的人，却与你完全相反，他们"和光同尘"毫无棱角，无论言谈，还是举止，个个都深藏不露，好像他们都是庸才。其实他们的才能，颇有出于你之上者；他们个个都很讷言，其实其中颇有能言善辩者，好像他们个个胸无大志，其实他们是有雄才大略不愿久居人下者，但是他们却不肯在言语上露锋芒，在行动上露锋芒，这是什么道理？

因为他们有所顾忌，言语锋芒，便要得罪旁人，得罪旁人便成为你的阻力，成为你的破坏者；行动锋芒，便要惹旁人的妒忌，旁人妒忌成为你的阻力，成为你的破坏者。如果你的四周，都是你的阻力或你的破坏者，在这种形势之下，你的立足点都会被推翻，哪里还能实现你求知于人的目的？

年轻人往往容易激动，树敌太多，与同事不能水乳交融地相处，就是因为言语、行动锋芒过露的缘故。言语、行动锋芒过露也是遭人妒忌的重要原因。

某人在年轻时代曾以拥有"三头"自负，即笔头写得过人，舌头说得过人，拳头打得过人。在学校读书时，已是一员狠将，不怕同学，不怕师长，以为他们都不及他，初入社会，还是这样锋芒毕露，结果得罪了许多人。但是还好，总算觉悟得快，一经好友提醒，便连忙负荆请罪，倒也消除了不少嫌怨，但是无心之过仍然难免，结果终究还是遭了挫折。俗话说：久病亦如医。他在受足了痛苦的教训后，才知道言语行动锋芒就是为自己的前途设下荆棘，有时为了避免再犯无心之过，就故意效法古人之三缄其口，即使不得不开口，也是多方谨慎。尽管“矫枉者必过其正”，但是要掩盖先天的缺点，就不能不如此。

当然你也许会说，采用这样的办法不是永无人知了吗？其实只要一有表现本领的机会，你把握这个机会，做出过人的成绩来，大家自然就会知道。这种表现本领的机会，不怕没有只怕把握不牢，只怕做的成绩不能使人特别满意，你自己有真实的本领，就要留意表现的机会，没有真实的本领，就要赶快准备。

《易经》上说：“君子藏器于身，待时而动”。无此器最难，有此器不患无此时，锋芒对于你只有害处，额上生角，必触伤别人，你不磨平你的角，别人必将折你的角，角一旦被折，其伤害更多，而锋芒就是人类额头上的角。

心灵悄悄话

XIN LING QIAO QIAO HUA

甘于低调做人者，总能以平常心面对喧嚣的世界，纷扰的人群，在为人处世上从不表现出骄慢、卖弄和过分张扬的姿态来，而是把自己的举止言行融于常人当中，并始终把自己看作是社会上普普通通、实实在在的一员。

第五篇　虚心请教，放下你的“身段”

天资聪明而又好学的人，不以向地位比自己低、学识比自己差的人请教为耻。学问，学问，只学而不问，何以有“学问”。若想要在学识上跨一大步，那么就得虚心请教他人，不要放不下你的“身段”。人的“身段”是一种自我认同，这并不是一件什么不好的事，但这种“自我认同”也是一种“自我限制”，也就是说，“因为我是这种人，所以我不能去做那种事”，而自我认同越强的人，其自我限制也就越厉害。

谦虚是人的一种思想修养，其内涵就是不管自己有多么地成功能干，都要善于认识自身的短处和别人的长处，并乐于以彼之长，补己之短。

虚心求教方能成大事

那些能成大事的人，必定会有“放下身段”的心态。即便他们身处最底层，其目标也会始终明确、虚心求教、信心坚定，所以能够不断发现新机会，并且很快跑到别人前面。职场中的你，无论职位如何，都不能甘于平庸。

古往今来，那些成功人士，他们之所以会成功，一定是有方法和原因的，而我们就应该找出其中的方法和原因，虚心地向他们学习，这样不仅可以减少我们摸索的时间，而且还会少走许多弯路。若是条件允许的话，就可以当面请教那些成功者，多与他们沟通，请他们指点迷津。

一位博士被分到一家研究所里，从而成为这个所里学历最高的一个人。有一天他到单位里面的小池塘去钓鱼，正好正副所长在他的一左一右，也在钓鱼。

博士听说过他俩只是本科学历，就想着也没啥好聊的，因此，就简单地朝他们俩微微点了点头。

过了一会儿，正所长放下钓竿，伸伸懒腰，噌噌噌地从水面上如飞似的跑到对面上厕所去了。

这时，博士眼睛睁得都快掉下来了。“水上漂？不会吧？这可是一个池塘啊！”

正所长上完厕所回来的时候，同样也是噌噌噌地从水上漂回来了。

博士生非常惊讶，但他又一想，刚才没跟他们打招呼，况且自己是博士生，还是不要问了。

过一阵，副所长也站起来，走了几步，也迈步蹭蹭蹭地飘过水面上厕所了。

这下子博士更是差点昏倒，他想，太不可思议了，真是到了一个江湖高手集中的地方。

过了一会，博士生也内急了。但这个池塘两边有围墙，要到对面厕所就得绕很远的路，但是回单位上就更远，他一时不知所措。

博士生也不愿意去问两位所长，憋了半天后，于是也起身往水里跨，心想："我就不信这本科生学历的人能过的水面，我博士生不能过！"

只听"扑通"一声，博士生栽到了水里。

两位所长赶紧将他拉了出来，问他为什么要下水，他反问道："为什么你们可以走过去呢？而我就掉水里了呢？"

两位所长相视一笑，其中一位说："这池塘里有两排木桩子，由于这两天下雨涨水，桩子正好在水面下。我们都知道这木桩的位置，所以可以踩着桩子过去。你不了解情况，怎么也不问一声呢？"

这则小故事值得我们深思，故事中的博士生正是因为没有虚心向两位所长请教，而导致了一场闹剧。

谦虚是人的一种思想修养，其内涵就是不管自己有多么地成功能干，都要善于认识自身的短处和别人的长处，并乐于以彼之长，补己之短。在我国古代的传统美德故事中，就有许多这样的典范：周公言传身教论谦虚、孔子"三人行必有我师"、晏婴谦恭等等，这一段段生动而形象的故事所揭示的都是一种谦虚处世的真谛。

大海不择细流，故能成其汪洋；泰山不择尘土，故能成其崔嵬。时刻保持谦虚的态度，把姿态放低点儿再低点儿，只有这样，才能汇聚成一片广阔的海洋。

有一位年轻丹青爱好者不远万里来到法门寺，他沮丧地向住持释圆和尚诉说："我一心一意要学丹青，可至今仍没有找到一位满意的师傅，许多人都是徒有虚名，甚至他们的画技还不如我。”

释圆和尚听了淡淡一笑，要他现场画一幅画。丹青爱好者问画什么，释圆说：“老僧平素最大的嗜好就是品茗饮茶，施主就为我画一把茶壶一个茶杯吧。”

年轻人便拿起画笔画了起来，瞬间画出了一把倾斜的茶壶正徐徐吐出一脉茶水来，源源不断地注入茶杯中，可谓是画得栩栩如生。但释圆住持看了看却说他画错了，应该把杯子布置在茶壶之上才是。

年轻人疑惑地说：“大师有没有搞错啊，哪有杯子往茶壶里注水的。”

释圆哈哈大笑：“原来你懂得这个道理啊！你渴望自己的杯子里能够注入那些丹青高手的香茗，但如果你总是将自己的杯子放得比那些茶壶还要高，香茗怎么注入你的杯子里？涧谷把自己放低，才能得到一脉流水，人只有把自己放低，才能吸取别人的智慧和经验。”年轻人听后恍然大悟，从此虚心向别人请教学习，最后终成丹青名家。

谦虚是一个人良好教养的体现。谦虚的人即便取得了成功也会不断地告诫自己：天外有天，人外有人。所以他们会不断地充实自己，在不断学习中提高自己。而骄傲的人常常会满足于一得之功，稍微取得一点成绩就沾沾自喜，骄傲自满起来。这样一个不思进取、自足自满的人，又怎能取得骄人的成就？

富兰克林曾说：缺少谦虚就是缺少见识。德国古典文学家莱辛也说过：我们的骄傲多半是基于我们的无知。正如高尔基所说：人的知识越广，人的本身也越完美。因为有了丰富的知识，人便会谦虚起来。知识越是丰富，人就越是谦虚，人越是谦虚，就对自己所拥有知识越不知足。由此可见，丰富的学识是谦虚的基础，而谦虚的态度则是不断丰富知识的重要条件。因此，一个人是否有谦虚的态度，那么对他的成功与进步就有多大的影响。

著名的京剧大师梅兰芳是一个谦虚好学的人，他不仅在京剧艺术上取得了很高的成就，而且还是一位丹青妙手。他曾拜名画家齐白石为师，虚心求教，见面总会行弟子之礼，还经常亲自为白石老人磨墨铺纸，全不因为自己是位名演员而自傲。时至今日，还流传着一段段关于他虚心求教和尊敬老师的佳话。

有一次，齐白石和梅兰芳受邀同到一家做客，白石老人先到一步，他一身布衣，非常朴素，而其他宾朋皆社会名流，或西装革履，或长袍马褂，反观白石老人，倒显得有些寒酸，也没有几个人去招呼他。过了一会，梅兰芳到了，主人宾客都高兴相迎，蜂拥而上，抢着同他握手。可梅兰芳知道齐白石也来赴宴，便四下环顾，寻找老师。当他看到被冷落在一旁的白石老人时，连忙挤出人群，走到老人面前恭恭敬敬地叫了一声“老师”，向他致意问安。在座的人见状都很惊讶，齐白石也深受感动。

俗话说得好：“听君一席话，胜读十年书。”如果有机会，你就不妨仔细观察成功者的所作所为，看看他们是怎样合理地支配时间，他们是怎样对待学习，他们是怎样处理问题，这些都是你获得成功秘诀的捷径。

心灵悄悄话

XIN LING QIAO QIAO HUA

谦虚是一种积极的心态，是前进路上不息的动力。如果一个人只看到自己的成绩，整天陶醉在自足自满的心态中，那就会失去进步的动力。而那些为人谦逊、处世豁达、心胸宽阔者，在荣辱得失面前，便会去留无意，宠辱不惊。有了这样一种虚怀若谷的胸怀，有了这样一种谦虚的心态，一定能铸就辉煌的人生。

凡事多问必有益处

提出问题是解决问题、揭示事物真相的开始，如果连问题都提不出来，问题也就无从解决了，我们无论处理什么疑难问题都应该这样。**凡事多问必多益，因为任何疑难问题都招架不住三个以上问号的敲打，只要打破砂锅问到底，问题的症结必定会水落石出。**

俗话说："读而未晓则思，思而未晓则读。"意思是：读书一遍不懂，就要思考，如果还是不懂就要再读。学而不思则罔。读书时，多思考，多问几个为什么，一些不懂的地方就会迎刃而解。

伽利略17岁那年，考进了比萨大学医科专业。他经常喜欢提问题，不问个水落石出决不罢休。

有一次上课，比罗教授讲胚胎学。他讲道："母亲生男孩还是生女孩，是由父亲的强弱决定的。父亲身体强壮，母亲就生男孩；父亲身体衰弱，母亲就生女孩。"

比罗教授的话音刚落，伽利略就举手说道："老师，我有疑问。"

比罗教授不高兴地说："你提的问题太多了！你是个学生，上课时应该认真听老师讲，多记笔记，不要胡思乱想，动不动就提问题，影响同学们学习！""这不是胡思乱想，也不是动不动就提问题。我的邻居，男的身体非常强壮，可他的妻子一连生了5个女儿。这与老师讲的正好相反，这该怎么解释？"伽利略没有被比罗教授吓倒，继续反问。

"我是根据古希腊著名学者亚里士多德的观点讲的，不会错！"比罗教授搬出了理论根据，想压服他。

伽利略继续说:“难道亚里士多德讲的不符合事实,也要硬说是对的吗?科学一定要与事实符合,否则就不是真正的科学。”比罗教授被问倒了,下不了台。

后来,伽利略果然受到了校方的批评,但是,他勇于坚持、好学善问、追求真理的精神却丝毫没有改变。正因为这样,他才最终成为一代科学巨匠。

正是伽利略的这种不懂就问的品质,才成就了这样一代伟人!

“业精于勤荒于嬉,行成于思毁于惰”。勤与思是求取学问,敲开奥秘之门的宝贵所在。所谓“一分耕耘,一分收获”说的就是这个意思。做学问讲究个勤字,勤中苦,苦中乐,本来就没捷径可寻,所谓“读书之乐无窍门,不在聪明只在勤”,课堂上所学只是师傅领进了门,要想有高深造诣全靠自己下苦功。读书只知道吟风弄月讲求风雅,寻章摘句不务实学不求甚解也不深思,这种人永远不可能求到真才实学。

古今中外,凡有真才实学的学者,必须下真功夫才能求真学问,但是也有一些人只知道讲求风雅而不务实,只学到一些皮毛。这是一种极大的浪费,对学习、事业都不会有帮助的。我们读书应该集中精力,专心致志,加强自身的修养,使自己成为一个有益于社会的人。

勤学好问是一种习惯,更是一种态度。可以说,勤学好问的人必定是一位虚心之人,因为他们能看到自己的不足,从不妄自尊大!

有这样一个故事:

李相乃唐代的大将军,曾担任大居守(高级武官)。他博览群书,认真细读,勤学好问,学识渊博,受到当朝和后世的赞扬。

李相最喜欢读《春秋》。无论公务怎样繁忙,他每天必须读一卷,终年不懈。读书时,李相误把《春秋》中鲁国大夫叔孙婼的“婼”读成“若”。他手下有个小吏站在他旁边侍读,每当他错读它成“若”时,小吏的脸上就有异样表情,不太好看。次数多了,李相发现了这个情况,感觉很奇怪,便问小吏:“你常读《春秋》吗?”小吏恭敬地回答:“是的。”李相严肃地问道:“为什么每当我读到‘叔孙锘’时,你就表现出不以为然的样子呢?”

小吏见长官那么严肃,以为是责怪自己,连忙躬身跪倒,然后恭谨地回答:“小人过去曾蒙老师教过《春秋》,今日听将军把‘婼’读成‘若’,方才明白过去照老师所教把它读成‘绰’是大错了。”李相见小吏说是老师读错,不由暗自生疑,便说:“恐怕不是你老师的错吧?我没拜过师,这个字是照本朝陆德明的《经典释文》中的释文注音读的,一定是我读错了,而不是你读错了。”说完。从书架上取出《经典释文》,让小吏看。小吏一看,才明白李相把字的字形看错了,他委婉地说明正确的读音是“绰”而不是“若”。

李相听了,顿时脸发烧,觉得自己身为大官,日读《春秋》,多次读错字而不自知,十分惭愧。尽管他脸上发烧,却仍能放下架子,走下座位,把太师椅放在北墙边,请小吏坐。

小吏不敢坐:“这是将军的金座,小人岂敢越礼坐!”李相把小吏按在座椅上:“不许动,不然我要生气了!”小吏不敢违背,坐也不是,不坐也不是,局促不安,十分尴尬。李相站在南面。整了整衣冠,然后脸朝北,向着坐在太师椅上的小吏躬身下拜。小吏又要离座,李相喊道:“不许动!”小吏只好坐在椅子上接受他的大礼参拜。

李相行过礼后,诚恳地说:“我身居高位,却常常读错字,实在惭愧。从今以后,你就是我的‘一字师’,我要再读错字,请你一定要给我指出来,千万不要客气啊!”小吏见李相身为大官,却能如此虚怀若谷,不耻下问,深受感动。从此,小吏与李相亲如手足,共同研讨学问。

官位不是学问大小的标志,更不能衡量一个人的学识与才干。学问和才干来自学习和实践,不管一个人的职务多高,年龄多大,凡是没有学习和实践过的东西,都是他人的学生,因为知者为师。李相虽居高位,但他却懂得这个道理,所以他能胸怀开阔,不耻下问,拜小吏为“一字师”。无独有偶,京剧大师梅兰芳虽享誉世界,却仍虚心学习,不耻下问,而他也有个“一字师”的故事：

梅兰芳与沙市京剧团原艺委主任郭叔鹏有一段交往。那是1950年4月20日，梅先生率团到汉口演《女起解》之时。这出戏，对于从小就和京剧结缘的郭叔鹏来说，不知看了多少遍，但亲睹梅先生的演出还是第一次，因而他显得特别认真。戏中苏三有一段“反二黄”唱段，头一句祟老伯说他是“冤枉难辩”，一个“难”字，让郭叔鹏微微皱起了眉头。不对呀，这个“难”字似乎与整个剧情相悖！初生牛犊不怕虎，当年33岁的无名小辈郭叔鹏看完戏径直走进后台，向正在卸装的梅先生大胆提出自己的见解：“梅先生，您看祟公德的念白里面，哪儿有苏三所唱的冤枉难辩的意思呢？相反，倒是说他的官司，可能有出头的希望了。”

“对！对！对！”梅先生认真地听着，不时地点头：“您的意见对，提的很有道理，依你之见，应该怎么做才好呢？”

原来郭叔鹏只想提提自己的见解而已，万万没有料到梅先生不耻下问，请教他这个毛头小伙子，故而一下子不知怎么回答才好，沉吟片刻，郭叔鹏忐忑不安地说：“梅先生，您看能不能只动一个字，即将难辩的‘难’字，改为‘能’字。”

“嗯……”梅先生脸上露出了笑容：“太好了，改词不改腔，这样跟头里的念白就比较连贯了，观众听了也容易接受。”从那次后，《女起解》中这句词便都唱“冤枉能辩”了。

6月8日，梅先生在后台又碰到郭叔鹏，便拍着他的肩膀笑着称他为“一字师”，并询问对昨日自己所演戏的看法。这一问正中下怀，原来郭叔鹏心里确实有一个小小的疑问：“梅先生，你演的赵女是真疯还是假疯？”梅先生看了看郭叔鹏反问道：“你看是真的还是假的呢？”郭叔鹏回答说：“我看，赵女应该是装疯，是假的，装出来的疯相是为了欺骗他父亲的。你听：我只得把官人一声来唤，我的夫呀，随儿到红罗帐，倒凤颠鸾。把父亲当丈夫，还要拉他入罗帐，这在赵高看来，女儿是真的疯了，但随儿到红罗帐中的一个‘儿字’，却露出破绽。赵女自称是‘儿’，显然她还知道对方是‘父’了。这是神态清醒的表现，赵高不傻，凭此很容易识破女儿是假疯。”

梅先生听到这里，插了一句说：“你提的这一段，也有人给我指出。赵高就是那个指鹿为马的人；为人十分奸诈狡猾，这样骗过他是不容易的。你提的‘儿’字确实是一个漏洞。”于是梅先生又像上一次一样虚心地征求郭叔鹏的意见。这一回郭叔鹏早有心理准备，便脱口而出：“只要把‘儿’字改为‘奴’字就行了。‘奴’是古代妇女的谦称，对谁都可以这样称呼。”梅先生满意地说：“明天，我就将这一句改过来。”说着梅兰芳拿出一个笔记本，亲笔题词，盖上自己的印章送给郭叔鹏。

孔子说：“三人行，必有我师。”像梅兰芳这样的京剧大师也有疏漏之处，像郭叔鹏这样无名小辈也不乏知识渊博之人。梅兰芳不以名自居，躬身向无名小辈请教。郭叔鹏初生牛犊不怕虎，敢对名师、名人“施教”，终于得到梅兰芳的赞赏。郭、梅二人的精神都是难能可贵的，令人敬佩。

《论语》中孔子的学生曾子说过这样的话：“以能问于无能，以多问于寡；有若无，实若虚。”意思是说“自己有才能却向没有才能的人请教，自己知识多却向知识少的请教；有学问就像没有学问的人一样，知识充实就像很空虚的人一样。”这才是一个有学问的人的真正态度。

心灵悄悄话

XIN LING QIAO QIAO HUA

俗话说：学无止境。一个人无论他的学问有多大，也不可读遍所有的书，学遍所有的学问，他永远有不知不懂的东西。因此，真正有学问的人总是非常谦虚，不耻下问，善于向别人学习。

虚心才能学到更多的知识

可以说成功者走过的路，实际上就是一个人从贫穷走向富裕的道路，向他们学习就是一条致富的捷径。想要变得富有，就可以把成功者当作学习的典范，向他们学习。此时，我们会获得意想不到的效果。

孔子说："子路，我教你的知识懂了吗？知道的就说知道，不知道就说不知道，这才算是聪明啊。"这里孔子说出了一个深刻的道理："知之为知之，不知为不知，是知也。"对于文化知识和其他社会知识，人们应当虚心学习、刻苦学习，尽可能多地加以掌握。但**人的知识再丰富，总有不懂的问题。那么，就应当有实事求是的态度。只有这样，才能学到更多的知识。**

我们知道，孔子是我国春秋时期著名的思想家、教育家。他一生好学，知识非常广博，被后人称为"圣人"。其实，孔子本身就是一个诚实、谦虚的人，"知之为知之，不知为不知"，他不仅是这样说的，也是这样做的，下面就看一个孔子以诚实的态度对待学问的故事：

一个烈日炎炎的夏日，骄阳当空，大地一片燥热，一辆马车正在通往齐国的路上慢慢行驶。车上，孔子正向弟子们传授学问，他说："三人行，必有我师焉。"意思是说，三人同行，那其中就会有人可以当你的老师。孔子教育弟子：对待学习一定要诚实，遇到自己不会回答的问题，要老老实实地承认自己的不足，绝不能不懂装懂，自欺欺人。

正讲着，车窗外传来哗啦啦的响声。孔子便说："天气说变就变。听，山那边下起了雷阵雨，快停车！"有位弟子下了车，仔细听了听，说：

“这是山那边海浪拍打岩石的声音，我是南方人，从小生活在海边，熟悉这种声音。”

孔子一听是海，非常好奇，因为他从来没见过海。于是就带着弟子，爬上山顶，想看看海究竟是什么样子。孔子望着无边无际的大海，感叹地说：“海真辽阔呀！做人就应该像大海一样，有辽阔的胸怀。敢于承认自己的缺点。”

正当孔子和弟子们欣赏着大海的景色时，觉得口渴了，正巧看见一位小渔民正担着一桶水在山腰上走。孔子便走上前去：“小弟弟，可否讨口水喝？”小渔民就拿起葫芦瓢在桶里舀了一瓢清水，递给孔子。孔子喝过水后，说：“这海水真好喝啊！甘甜清凉。”小渔民听后，忍不住笑了：“海水又咸又苦，怎么能喝呢？还甘甜呢？嘿嘿，你们可真是书呆子，这点常识都不懂。”

一位弟子听小渔民这样批评老师，非常生气：“你这个黄毛小子，真不知天高地厚，竟然如此无礼，你知道这位是谁吗？他可是大名鼎鼎的孔夫子。”

“孔夫子？孔夫子怎么啦？孔夫子不见得样样都懂，刚才想用海水解渴就错了，海水是苦的，根本不能喝。我递给他的可是清水。再说，他会种地吗？他会盖房吗？他会打鱼吗？”

孔子听了，觉得很惭愧，他低着头，沉思了一会儿，然后诚恳地对弟子们说：“以前，我对你们讲有些人一生下来就知道一些事情，这话是不对的，我们应该知错就改，千万不能不懂装懂啊！”

弟子们听了，都点点头，更加尊敬孔子了，这座山后来就被称为“孔望山”。

孔子不仅严格要求自己，对弟子们也是如此。

孔子有一位弟子，名叫子路，是个性格粗鲁直率的人。子路很聪明，自从拜孔子为师后，认真学习，渐渐地掌握了不少知识。

当时，各诸侯国之间混战不断，为了扩大各自的势力，他们都把招揽人才作为重要手段。许多诸侯贵族都认为子路是个不可多得的人才，便争相请他去做官。这样一来，子路就有些骄傲了。孔子得知子路越来越骄傲了，学习也不如当初用心，变得很浮躁，便决定教训一下他。

这一天，子路穿着华丽的衣裳，身边还跟着几个仆从，高高兴兴地回来拜见老师。孔子看见子路趾高气扬的样子，心中十分不悦，便提出几个有关治国的问题，让子路回答。子路一听，呆呆地愣在那里，一个也回答不上来。前一段时间，他一直忙于交际应酬，忽略了功课，而且，来之前也没做任何准备。这可怎么回答？如果老老实实说不知道，那在同学面前，不是太丢面子了吗？而且，传出去后，那些诸侯贵族会怎么看，还认为自己是人才吗？

想到此，子路便假装胸有成竹的样子，把以前学到的那点相关知识全都倒了出来，东拼西凑，连蒙带混地应付了一大篇。

孔子听了，十分生气，训斥道："子路，你自己认为回答得怎样？"

子路见老师生气了，便一声不吭地低着头。

孔子继续说："你知道自己最大的缺点是什么吗？那就是不懂装懂！"说完，孔子一一列举了子路话中的错误，说得子路满脸通红，羞愧得说不出话来。

孔子缓了口气，又接着说："做人一定要诚实，对待学问也要诚实，不能弄虚作假。知道的就说知道，不知道的就说不知道，这没什么丢面子的。如果你能这样老老实实地对待学习，将来一定会成为真正有智慧的人！"

子路听了老师的教诲后，决心留在老师身边，继续潜心学习，以弥补以前荒废的学业。

人任何时候都要虚怀若谷，戒骄戒满，再博学的人也会有许多不知道的东西，所以时时处处都要以学习的姿态出现于人们面前，而不能到处不懂装懂，硬充"大明白"，否则自己就再无进步的可能了。

唐代有位禅师很有智慧，他的一杯茶的故事常常为人们所津津乐道。

有一天，一位大学士特地来向他问禅，可一见面就对禅师大发宏论，滔滔不绝。禅师以茶水招待他，禅师将茶水注入这个访客的杯中，杯满之后还继续注入。这位大学士眼睁睁地看着茶水不停地溢出杯外，洒得满案皆是，便忍不住说道："已经漫出来了，不要倒了。"这时禅师意味深长地说："你的心就像这只杯子一样，里面装满了你自己的看法和主张，你不先把你自己的杯子倒空，叫我如何对你说禅？"

禅师教导的"把自己的杯子倒空"，不仅是佛学的禅理，更是人生的至理名言。心太满，什么东西都进不来；心不满，才能有足够装填的空间。"满招损，谦受益"更是古贤留给后人的一句可以千年护身的诤言。

如今的职场中，从面试开始到进入实务运作的过程，常会有一些集自骄自满于一身的人。这些人对于任何事的反应几乎立即都是"没问题"！因为这三个字，主管让一个应聘者进入工作岗位；因为这三个字，公司把一项重要决策交与他执行。然而，最初说"没问题"的人，很可能工作进行到一半，就会什么问题都跑出来了。

心灵悄悄话
XIN LING QIAO QIAO HUA

过度自信必流于自满。试想，哪一项事情的运作过程会不出现问题呢？问题是需要集思广益，共同克服解决。过度自骄自满的人，他的"心"已经满满的，已无法装其他东西。在这个瞬息万变的社会，随时需要知识、咨询和不断吸取养分，所以"心"一定要"空"，也就是古人所说的虚怀若谷。

谦虚的意义

自古以来,谦虚就是中华民族的传统美德。也正是有了谦虚,才让我们明白知识的意义,才让我们在知识面前永远低下头去学习。另外,谦虚还可以帮助我们提高学习的效率。试想,**谦虚的我们在他人帮助下,不耻下问,自然学习就会进步得神速;在同学的帮助下,我们会想“三人行,必有我师”,我们就会成长得很快**。无形之中,我们不但提高了学习效率,也节省了大量的时间。

一位大学生在给学弟学妹们介绍自己的学习经验时,他这样说:“戒骄戒躁,宁朴毋华。”学习的最好习惯就是踏踏实实地学习,不搞“面子工程”。踏实的态度表现在两方面:对内和对外。

对内,即对自己,要做到诚实,“知之为知之,不知为不知,是知也。”不要欺骗自己,没有搞懂的知识一定要弄明白,没有完成的功课一定要完成,没有完成的学习任务一定要补上,千万不要遇到困难就退缩,坚持是最好的解决方法。不要追求一时成绩而做“临时抱佛脚”式的用功。要做每天进步一点的长久努力。

对外,要做到谦虚,巴甫洛夫说:“无论什么事,都把自己当作一个门外汉”。不要以为自己什么都会,其实离“高手”的境界还差得很远。“三人行,必有我师”,别人身上都有值得自己学习的地方。不要瞧不起别人一个微小的优点,将这些小优点汇集起来就能造就一个伟大的人。遇到自己不懂的问题,要虚心向别人请教。不要以“我与他不熟”或“我不喜欢他”为借口。学习是独立于人际关系并能改善人际关系的事物。学习时放下架子，知识的大门才能为你打开。

古人云："满招损，谦受益"。从上述这个例子来看，谦虚是一种美德。一个人只有做到谦虚，才会看到自己的不足，才会不断追求新的知识，取得学业上的进步。反之，骄傲自满，是学习、生活中的大敌，是我们成长路上的绊脚石。

下棋找高手，弄斧到班门。华罗庚一生的主张是能者为师，有机会就学。他说："自己承认差一点，工作加油一点"。

1955年在厦门大学数学系资料室工作的陈景润，按照李文清老师的建议，开始研读华罗庚的名著《堆垒素数论》。为了透彻地掌握这部著作，陈景润把书拆成一页一页的，走到哪里就读到哪里，整本书读了二三十遍，对每条定理都了如指掌。后来，他在书中有关"它利问题"的论证上，发现了一个难以觉察的差错，就提笔写了一篇改进华罗庚先生的结论的论文，由李文清老师托人转交给了华罗庚。另外陈景润还给华罗庚写了一封信，他信中是这样说的："明星上落下的微尘。我愿帮您拭去。"

已经写出《堆垒素数论》这样享有盛誉的华罗庚，面对当时还名不见经传的陈景润发现的问题，他虚心地接受了，承认"差一点"。然而，后生可畏的感觉，并无损于他的自信。因为，对他来说，改进的那个结论，只会使自己的著作更接近真理。

从华罗庚的身上，我们可以看到他的为人师表，他的谦虚谨慎。其实，骄傲的资本是任何人都不可能完全具备的，因为任何一个人，即使他在某一方面的造诣很深，也不能够说他已经彻底精通，彻底研究完了。"生命有限，知识无穷"，任何一门学问都是无穷无尽的海洋，都是无边无际的天空。所以，谁也不能够认为自己已经达到了最高境界而停步不前、趾高气扬。如果你骄傲了，必将很快被其他人赶上、很快被后人所超越。

20世纪世界上最伟大的科学家之一——爱因斯坦，一生取之不尽、用之不完的财富是他的相对论以及他在物理学界其他方面的研究成果。然而,就是像他这样的伟人,还是在有生之年不断地学习、研究……

老子说:“知,不知,尚矣;不知,知,病也。夫唯病病,是以不病。圣人不病,以其病病。”自己已经很渊博了,还总是认为不足的人是最高尚的。自己明明知之甚少,还要装作知识渊博的人就会不断出差错。只有严于律己,时时鞭策自己不要出差错的人,才会取得真正的进步。圣人之所以很少出差错,就是因为他们严于律己,时时鞭策自己不要出差错。虚心去接受批评的人,永远都在完善自我进而取得成功。

众所周知,学习的最大的敌人就是自以为是和骄傲自满,这样会使人走向无知,走向失败。在学习的道路上,只有永不自满,懂得谦虚,才能使人进步。

经常接触成功的人,就更有机会学习致富之道。因为在与成功者的接触中,可以了解一个成功者的思维,学习成功者的致富经验,向他们靠拢,并且会得到很多启示和发财的机会。而如果你在穷人堆里,除了学会怎么样节俭之外,是很难学会其他有益的东西的。事实上,穷人的穷不仅仅是因为他们没有钱,还因为他们缺少赚钱的头脑、赚钱的思想。成功者的富有不仅仅是因为他们现在手里拥有大量的财富,而是他们有一个赚取财富的头脑。

有人总结了两条成功的路线。一是:勤奋、努力、埋头苦干,在自己的实践中不断总结经验和教训。多数人都是这样做的,但是代价太大。正如世界第一行销大师赖茨所说:“很少人能单凭一己之力,迅速名利双收;真正成功的骑师,通常都是因为他骑的是最好的马,才能成为常胜将军。”二是:向已经成功的人或同类优秀的人学习,学习他们独到的经验和方法。这种学习态度可以避免在盲目尝试中走弯路,且是成功的最好方法。

有一天,一个贫穷的年轻人看见一个富人生活得很舒适和惬意,他就对富人说:“我愿意成为你的奴仆,无偿为您工作3年,我不要一分钱的工资，您只要保证让我吃饱饭，给我住处就行。”富人觉得这是世上少有的好事，没有多想就答应了这个年轻人的请求。3 年后，年轻人离开了富人的家，不知去向。

一晃 10 年过去了，昔日那个贫穷的年轻人已经成了一个富翁，而且明显超越了以前那个富人。于是，富人向昔日的年轻穷人请求：我愿意支付你 10 万美元，购买你的致富经验。那个昔日的年轻穷人听了，大笑起来，他说：“您不曾知道啊，我的致富经验就是在无偿为您工作3 年的时间内，从您身上学到的，所以才赚得了大量的财富！”

想变成成功者，最好的途径就是向成功者学习，因为在成功者的“言传身教”中，能学到成功者致富的经验和智慧。有一句话说得好：“即使你在成功者堆里站上一会儿，你也能沾染上成功者的气息。”

我们不能在意面子，而应当敢于正视现实，多与成功者接触，虚心学习成功经验，才能让自己变得像成功者那样富有。

特奥的父母开了一个杂货店，有一天他们不幸辞世，那个小小的杂货店是父母留给他和哥哥卡尔的唯一财产。微薄的资金，简陋的设施，他们靠着出售一些汽水和罐头之类的食品，艰难度日。显然，兄弟俩不甘心这种穷苦的状况，他们一直在努力寻找发财的机会。

有一天，卡尔问弟弟：“同样是商店，为什么有的赚钱，有的却生意惨淡，就像我们这样。”

特奥回答说：“我觉得这可能是经营思想的问题，如果有好的经营思想，小本生意也可以赚大钱。”

“可是，什么样的经营思想才是好的呢？”于是，他们决定多看看其他商店的经营经验，向他们学习。

一天，他们路过一家“消费商店”，这家商店顾客盈门，生意兴隆，引起了兄弟俩的注意。他们走到商店外面，发现有一张醒目的告示，上面写着：“凡来本店购物的顾客，请保存发票，年底可以凭发票额的 3% 免费购物。”

仔细观察了一会儿，他们终于明白了这家商店生意兴隆的原因。原来顾客就是贪图那“3%”的免费商品。

回到自己的店里后，他们立即张贴了一个醒目的告示：“从即日起，本店全部商品让利4%，本店保证所售商品为全市最低价，如果顾客发现不是全市最低价，可以要求退回差价，本店还将给予奖励。”凭借这种“学习”来的智慧，他们杂货店的生意越来越好，商店迅速扩大，后来成为世界上最大的连锁商店之一。

致富最快速的招法就是模仿和复制，然后伺机超越。向成功的致富者学习，看似是模仿成功者的思维方式，实际上在模仿中也有创新。学习成功的思维习惯和行为习惯，不断地总结和改进，最终形成自己的思维习惯和行为习惯。

如果你无法快速学到成功者的致富秘方，那么给成功者打工也是一个不错的方法。

心灵悄悄话
XIN LING QIAO QIAO HUA

许多穷人总觉得自己在成功者面前显得卑微，于是在没有接触成功者之前，就开始自惭形秽。更为遗憾的是，一些穷人不但不懂得向成功者学习，还在内心里对成功者有一种排斥感。这种思想就为穷人走向成功者行列设下了障碍，甚至成为穷人终生难以跨越的障碍。

踏实做人，虚心请教

有些人总是有很高的梦想，他们不屑于眼前的这些小事。旁人在他们眼中，也大多是一群庸庸碌碌之辈，谈不上有什么共同语言。但在最初交往时，人们往往会被他们表面的雄心壮志所迷惑，老板也会认为他们是难得的栋梁之材。而事实上，他们眼高手低，大部分时间都沉浸在自己宏伟的梦想中，却不懂得从低点起步，用实际行动来证明自己。长此以往，他们不能也不会做出什么成就，曾经的雄心壮志难免会变成同事们茶余饭后的玩笑。除非他们幡然悔悟，奋起直追，否则，等待他们的往往是慢慢沉沦，或者跳到其他的公司去继续发牢骚，即使这样，同样的悲剧也难免再次上演。

晗毕业于某大学外语系，她一心想进入大型的外资企业，最后却不得不到了一家成立不到半年的小公司“栖身”。心高气傲的晗根本没把这家小公司放在眼里，她想利用试用期“骑马找马”。

在晗看来，这里的一切都不顺眼——不修边幅的老板，不完善的管理制度，土里土气的同事……自己梦想中的工作可完全不是这么回事啊。“怎么回事?”“什么破公司?”“整理文档？这样的小事怎么让我这个外语系的高才生做呢?”“这么简单的文件必须得我翻译吗?”“就一篇小报告而已，为什么自己不写要我帮忙呢?”“噢，我受不了了!”

就这样，晗天天抱怨老板和同事，双眉不展、牢骚不停，而实际的工作却常常是能拖则拖，能躲就躲，因为这些“芝麻绿豆的小事”根本就不在她思考的范围之内，她梦想中的工作应该是一言定千金的那种。为什么那么远呢?

试用期很快过去了,老板认真地对她说:"我们认为,你确实是个人才,但你似乎并不喜欢在我们这种小公司里工作。因此对手边的工作敷衍了事。既然如此,我们也没有理由挽留你。对不起,请另谋高就吧!"

被辞退的晗这才清醒过来,当初自己应聘到这家公司也是费了不少力气的,而且,就眼前的就业形势,再找一份像这样的工作也很困难啊。初次工作就以"翻船"而告终,这让晗万分失望与后悔,可一切都已晚矣!

有些员工则不同,他们也有很高的梦想,但他们不会每天都深陷于幻想中难以自拔,他们会制订好切实可行的计划,从现在的工作开始做起,从一点一滴的小事做起,并这样毫不松懈地坚持下去。他们知道除非是他们努力把事情做成,否则什么也不会发生。就这样,他们一步步地默默努力着。**即使原本起点很低,但一天一点进步,就会慢慢缩短与目标的差距。**终于有一天,他们晋升成为公司的骨干,所有人都不禁会大吃一惊,但仔细回想,这一切其实纯属正常,毕竟天助自助者。梦想对于他们,已经变成了活生生的现实。

妍大学一毕业就去了南方,然后顺利地在一家跨国公司找到了一个职位。上班的第一天,妍就发誓要让自己成为公司里的不可缺者之一。

妍负责的工作是档案管理,资源管理专业出身的她很快就发现了公司在这方面存在的弊端。她开始连夜加班,查阅大量资料,运用所学的理论知识写出一份系统的解决方案,并将公司内部工作运行流程、市场营销方式以及后勤事务的规范,也整理出一套完整的方案,然后一并发到行政经理的电子信箱中。没过几天,行政经理就请她到公司的餐厅喝咖啡,离开时语重心长地拍了拍她的肩头:"公司对勤奋的人,向来是给予足够的空间施展才华的,好好努力。"

妍更加努力工作。公司想竞标一个大商厦周围的霓虹灯方案,同事们整天翻案例找朋友,忙得焦头烂额。妍白天做自己分内的工作,晚上却通宵不眠熬红了眼做方案文书。竞标前一天交方案时，妍去得最晚，行政经理不解："你们部门已经交来了。"妍充满信心地看着他说："这是不一样的！"竞标的当天，各种方案一下子被否决掉好几份。公司高层开始紧张，决定试试妍的方案。这一试让妍为公司立下了汗马功劳。

第二天，消息就传遍了整个公司，大家都知道了人事资料管理科有个叫妍的人很出色。一个月之后，公司人事大调整，原来的部门经理调到别的部门，新来的行政任命文件上赫然印着妍的名字。在同事们复杂的眼光里，妍收拾好自己的东西，迈着悠闲的脚步走进了18层那间豪华的办公室。

想一想你周围的人们，像晗或者妍这样两种截然不同的人应该都不在少数。也许你会对那些刚开始豪情万丈的人充满由衷的向往，忍不住在心中勾画起自己的蓝图来。这样做是没有错，每个人都应该有自己的理想，但理想一定要切合实际，更重要的是，你要做好行动的计划和准备，要通过自己的努力实现理想。

因此，那些像蜜蜂般踏实工作，并取得了一定成绩的人才是真正值得我们去学习的。毕竟，每个人来公司都是要做一些事情的，只有空想是不行的，如果每天都沉浸在自己的梦想中，以至于耽误了正常的工作，想做的还做不到，该做的又不去做，老板会继续需要你吗？同事们会视而不见，毫无怨言吗？

当人们抱着过高的目标接触现实环境时，感到处处不如意，事事不顺心，于是就整天地抱怨。其实在做事时，你首先要做的是根据现实的环境调整自己的期望值，即使你给自己定位很高，但做起事不妨把自己放低一点，做好上级交给的各种任务，甚至主动完成额外工作。

千里之行始于足下，只有辛勤耕耘才会有所收获。再宏伟的梦想，也经不住只说不做；因此做事一定要脚踏实地，而不要眼高手低。

许巍的一首《浮躁》，唱出了多少人心里的真实感受？在这个经济时代，我们每个人都梦想自己能振翅高飞，出人头地，最大化地实现自己的人生价值。也正因为如此，太多的人显得过于浮躁。别忘了，达到目标的基础，恰恰是脚踏实地，一步一个脚印地走来。

有一个年轻人，毕业于名牌大学，应聘进一家公司工作时，正好公司出现变故，一些老职员因故集体跳槽。这个年轻人自告奋勇要担任策划部经理，他觉得自己有能力力挽狂澜。老总一时束手无策，加上他吹嘘得很厉害，把自己的能力夸到无限大，也只好暂时接受了他的请求，聘任他为策划部经理。

年轻人开始梦想着用自己非凡的才能，在公司独当一面，创造丰富的利润，同时也实现他的价值，然后他从此将在事业上平步青云。

但是他高估了自己的能力，没有从底层一步一步走过来的经历，没有积累必要的经验，面对客户的要求，他轻易承诺下来，草率地签了合同，却找不到得力的助手协助他一起完成。谈判、策划、设计等一系列的事搞得他焦头烂额。后来任务完成得非常糟，用老总的话来说，就一个字“烂”。合同到期，客户看到这样的作品，宣称要和他们打官司，否则就让他们赔钱。

本来公司就处在危机中，他这一举动无异给公司雪上加霜。气得老总叫他立马“走人”，然后，老总想办法把原来的老职员招回来，重新把公司推到正轨上去，才挽救了公司。

这个年轻人这才明白，好高骛远、急功近利是很难真正把事做好的。他的第一份职业是经理，可这份职业却成了他最具讽刺的“经历”。

“每当我想往高处飞翔总感到太多的重量，远方是一个什么概念如今我已不再想，在每一次冲动背后总有几分凄凉……”

查理·贝尔出生于一个贫困的家庭，15 岁的时候，他去了一家店里打工。15 岁对于每个人来说，都是处于懵懂的年龄。但是，15 岁也是一个懂事的年龄，已经开始明白“理想”是何物，已经有了自己对未来模糊的憧憬。查理·贝尔也不是没有理想，但当时他的处境让他考虑的不是发展，也不是为自己设计多么辉煌的未来，他只是想有一份工作，挣钱生活。

他的第一份工作是打扫厕所，就是那种最底层又脏又累的杂役类劳工。贝尔对待工作很认真，把自己的分内工作扫厕所做完了，还做其他的杂事，比如擦地板，给其他正式员工打下手。

贝尔的勤奋和踏实，让他的老板看在眼里。没过多久，老板让他签了员工培训协议，让他进行一次正规的职业培训。培训结束后，又让他在店内各个岗位进行锻炼。贝尔经过几年的锻炼，很快获得了生产、服务、管理等一系列工作经验。19岁时，他就被提升为店面经理。

这就是踏实带给贝尔的最大成就。如果一开始他就很浮躁，或是急于求成，也许将不会再有后来的那个查理·贝尔了。也许在那个年龄的他，也意识到踏踏实实走好每一步，会带给他丰厚的回报。所以他坚持了这种工作作风，并且坚持了一生。

贝尔不但踏实地学习、工作，而且还常常用心研究业务和顾客的消费规律。他总和员工们一道亲自去做站台服务、接待顾客之类的小事。在他担任澳大利亚分公司副总裁期间，他把公司的连锁店从388家扩展到683家。

贝尔后来的路走得越来越顺，27岁成了公司澳大利亚分公司的副总裁，29岁成为公司董事会成员……43岁，他成为总公司的总裁兼首席执行官。

你知道理查·贝尔供职的是哪家公司吗？它就是众所周知、我们经常触目可及的大名鼎鼎的快餐连锁店麦当劳。贝尔是知名餐饮业中唯一一个亲自站柜台的董事长，也是一个从最底层一步步踏实走上去，最终晋升为知名公司的最高层领导人。踏实做人，他是一个典范。

这个世界的确有很多一夜暴富或是一夜成名的人，他们的“成功”，刺激着更多年轻的人，也令“浮躁”一词开始盛行于世。**可是越是没有通过踏实努力所获得的成就，越容易失去。**

每一幢房屋的修建，都离不开打地基。没有地基的房屋，建得越高，危险越大。在摇摇欲坠的过程中，不知道哪一天就会轰然倒塌。

人生也是如此，也需要打好基础，才能走得沉稳。就像房屋需要打下坚定的地基一样，不管你从事什么行业，踏实走好每一步，都是在为自己的梦想打下夯实的“地基”。

美国飞机设计家道格拉斯曾这样说：“当设计图纸的重量等于飞机时，飞机就能飞行了”。这句话告诉我们的道理就是，做事要踏实，要付出，要努力，踏实会让人厚积薄发，给予人梦想中的成功。

踏实是一种良好的品质，有了这种品质，不但可以让人向着梦想走去，而且，真的实现自己梦想的那一天，也不会因为根基不稳而栽倒。如果没有踏实，哪怕你轻松就坐到了高层，却很容易出现“屁股还没坐热”就让你走人的情景。

心灵悄悄话

XIN LING QIAO QIAO HUA

不论是做人还是做事，都必须脚踏实地，因为你做的每件事都被别人看在眼里，而默默付出的人必定是一位虚心之人，这样的人总会得到他人的喜欢与钦佩！

虚心的人做事谨慎认真

话说得最多的人，往往是做事很少的人。雷声再大，如果雨点太小，也只是虚张声势。实干才是最真的，行动胜于空谈。少空谈，多做事，能实干，能行动，是一个人品质、修养的体现。华罗庚说过："树老易空，人老易松，科学之道，我们要诫之以空，诫之以松，我愿一辈子从实以终。"其实，何止是科学之道，做人之道更是如此。**脚踏实地做事，谨慎认真地为人，这体现的是一个人的实干精神，求实态度。**

阿诺德和奥卡姆同时进入一家德国的超市做业务。半年后，奥卡姆成了公司的业务骨干，被老板委以重任，薪水也不知翻了几倍，而阿诺德却还是像刚进入公司那样，领着微薄的薪水，做着同样的工作。看着奥卡姆一副春风得意的样子，阿诺德心里觉得很不满意，认为经理对自己太不公平了。

于是，一天他推开了经理室的门，向经理发起了深埋在自己心里的牢骚。经理很耐心地听他说完，然后开口说："阿诺德啊，你的情况我们也了解，这样吧，明天早上你先到集市上，看看有些什么东西卖，然后回来跟我说说。"

阿诺德爽快地答应一声出去了，心想：这有什么难的。

第二天一大早，阿诺德就到了集市上，回来对经理说："经理，今天早上集市上只有一位老人家拉了一车土豆在那儿卖，其他就没什么了。"

"哦，是这样啊！那你问了多少钱一斤了吗？大概还有多少斤？"经理问。

听经理这样问，阿诺德转身又往集市上跑去，一会儿回来对经理说："老人家说，大约有300斤左右，2毛3一斤。"

"土豆是什么地方的，你问了吗？是今年的还是去年的？"

阿诺德忙又匆匆忙忙地跑去问了回来。经理看着他满头大汗的样子，说："你先坐在沙发上歇一会儿，我让奥卡姆进来，你看看他是怎么去做的。"

经理把奥卡姆叫到了办公室，也让他去集市上看看有些什么东西卖，然后回来告诉他。听经理交代完，奥卡姆转身出去了。过了好大一会儿，奥卡姆从集市上回来了，和经理说集市上只有一位老人家拉了一车土豆在那儿卖，然后顺手拿出一个笔记本，把土豆的价格是多少，还能降价多少等等一些问题都清清楚楚地说明白了。同时他还让老人家把土豆送一些到超市里去，另外老人家里的其他蔬菜也送一些来，因为这几天他们卖的蔬菜都是老人送来的，而且卖得非常好。

经理笑了笑，回头对阿诺德说："阿诺德，你现在应该明白为什么奥卡姆的薪水比你高了吧！"

阿诺德不好意思地点了点头，默默地走出了办公室。

同样是到集市上去看看有什么东西卖，而阿诺德在经理的再三提醒下都没把事情办好，奥卡姆只需要经理的一句话就把事情做得妥妥帖帖的，只是因为奥卡姆对待工作比阿诺德更用心，也更努力的缘故。

在进入某公司的新职员，都要谨记——少说多做。当一个刚参加工作岗位的人走进一个单位，许多时候，并不意味着他已被这个组织的群体所接纳。他还必须面对领导与同事的种种考察，被领导和同事在心理上接受。只有在心理上被接受了，你才能得到大家热情的帮助和照顾。而要得到这种心理上的认同，新同志就必须谦虚谨慎，少说为佳。

约翰·格兰特在一家五金商店工作，每周只能赚2美元。他刚进商店时，老板就对他说："你必须对这个生意认真负责、熟门熟路，这样你才能成为一个对商店有用的人。”

“一周2美元的工作，还值得认真去做？”与格兰特一同进公司的年轻同事不屑地说。然而，这个简单得不能再简单的工作，格兰特却干得非常用心，充满着责任感。

经过几个星期的仔细观察，年轻的格兰特注意到，每次老板总要认真检查那些进口的外国商品的账单。而那些账单使用的都是法文和德文，于是，他开始学习法文和德文，并开始仔细研究那些账单。一天，他的老板在检查账单时突然觉得特别劳累和厌倦，看到这种情况后，格兰特主动要求帮助老板检查账单。由于他干得实在是太出色了，所以之后的账单自然就由格兰特接管了。

一个月后的一天，他被叫到一间办公室。老板对他说：“格兰特，公司打算让你来主管外贸。这是一个相当重要的职位，我们需要有责任感、能胜任的人来主持这项工作。目前，在我们公司有20名与你年龄相仿的年轻人，只有你看到了这个机会，并凭你自己的努力，用实力抓住了它。我在这一行已经干了40年，你是我亲眼见过的三位能从工作中发现机遇并紧紧抓住机会的年轻人之一。其他两个人，现在都已经拥有了自己的公司。”

格兰特的薪水很快就涨到每周10美元。一年后，他的薪水达到了每周180美元，并经常被派驻法国、德国。他的老板评价说：“约翰·格兰特很有可能在30岁之前成为我们公司的股东。他已经从平凡的外贸主管的工作中看到了这个机遇，并尽量使自己有能力抓住这个机遇，虽然做出了一些牺牲，但这是值得的。”

年轻人往往充满梦想，这是件好事。但年轻人还需要懂得：梦想只有在脚踏实地的工作中才能得以实现。许多浮躁的人曾经都有过梦想，却始终无法实现，最后只剩下牢骚和抱怨，他们把这归咎于缺少机会。

一个普通员工小刘在谈到她被破例派往国外公司考察时说：“我和

某位同事虽然同样都是研究生毕业，但我们的待遇并不相同，那位同事的职位高一级，薪金高出很多。庆幸的是，我没有因为待遇不如人就心生不满，仍是认真负责地做事。当许多人抱着多做多错、少做少错、不做不错的心态时，我尽心尽力做好我手中的每一项工作。我甚至会积极主动地去找事做，了解领导有什么需要协助的地方，事先帮领导做好准备。在后来挑选出国考察人员时，我是唯一一个资历浅、级别低的普通员工，这在公司里是极为少见的，我也是非常幸运的一个。”

虚心的人，必定是一位少说多做的人，他们会脚踏实地，一步一个脚印的去完成任务，甚至会主动地包揽其他作业，而且没有任何怨言。自然，这样的人也一定会获得成功！

心灵悄悄话

XIN LING QIAO QIAO HUA

只有实干，只有付诸行动，理想的风帆才会鼓足力量，人生的帆船才能驶向成功的彼岸。纵使一个人说得再好听，谈得再动人，如果不通过行动证明一切，不通过实干实现目标，也终将碌碌无为，一无所获。

第六篇 淡泊名利，谦卑是一种境界

淡泊，是领悟，是看清一切以后产生的智慧之精华，是真正的平常心。我们都知道，佛家讲究“修心”，更要有平常心的，按照我们普通的看法就是“淡泊”，但是我们又都知道佛家的愿望是普渡众生！普渡众生似乎就更加艰难，不光去做，还要更加辛苦地去做。由此可见，淡泊有很深的含义。

淡泊不等于松懈，不是我们说的不需要就可以用消极的态度对待，而是要用更加谨慎的态度对待。真正的淡泊淡泊的是心，而不是形，更不是消极。淡泊是智者的行为，不是悲观和颓废的思想，不是“我不需要就不做”的行为。

平心静气，巧避锋芒

春光明媚，鲜花烂漫，生机勃勃，一片希望之美；夏荷盈盈，绿树繁茂，热烈奔放，感觉浓烈之美；秋色妖娆，丰收灿烂，五彩缤纷，享受收获之美；冬装素裹，银白洁亮，寂静空旷，感悟淡泊之美！

风和日丽，阳光灿烂的日子，心情固然愉快；阴雨连绵，天寒地冻之时，却也能让你静心思索，锻炼意志，学会珍惜和懂得。小草发芽，鲜花开放，大雁南飞，雪花飞舞，亭台楼阁，流水飞瀑，日出日落，大自然赐予人类的美景是那么的有规律，有诗意，自然而美不可挡！当你心情不畅时，你可以观察那碧草萋萋，百花芬芳，鸟虫觅食，忙碌人群，感应万物，丰富、恬适心灵！

再看看眼前的人们是一道多么亮丽的风景线：顽皮孩童，天真笑脸；幸福少年，含苞待放；靓丽的青少年，风采尽现；慈祥矍铄的老人，是那绚丽的晚霞。只要你细心地捕捉，真切地感受，生活无处不美丽！

即使你无比忧郁，苦恼压抑，厌烦不安，痛苦之极，只要你静心释放，想方排解，放弃一些奢想，驱除一些躁动，看见一丝微笑，得到一个安慰，体验一下成功，享受一分收获，得到一个启发，知足者常乐，生活真是那么美好！

感受生活的美好，需要平静的心情，开阔的眼界，豪迈的情怀，善解人意的思绪，善于观察感知的双眼，更需要一种超然的生活态度和真诚地投入。

你有没有和孩子一起跳舞、唱歌、看动画片；你有没有蹲下身来怜惜正在啼哭的陌生人，施舍乞丐一元钱；你有没有像初恋一样赏识过你的爱人，真诚地、十分友好地和朋友、同事交谈，亲热、切心地关怀亲人，孝敬老人；你有没有兢兢业业、认认真真地工作，做出自己最大的努力？如果你做到了，回报你的一定是美好的祝愿，幸福的笑容！

唐太宗李世民重用魏征，以人为镜，开创了贞观年间的太平盛世，被称为善于纳谏的典范。但是魏征的直谏有时也让他很难堪。一次，唐太宗要去郊外狩猎，魏征进言道："眼下时值仲春，万物萌生，禽兽哺幼，不宜狩猎，还请陛下返宫。"唐太宗兴趣正浓，坚持出游。魏征就站在路中央，坚决拦住去路。唐太宗怒气冲冲地返回宫中，见到皇后孙氏，义愤填膺地说："一定要杀掉魏征这个老顽固，才能一泄我心头之恨！"皇后柔声问明了缘由，也不说什么，只悄悄地回到内室穿戴上礼服，然后庄重地来到唐太宗面前，叩首即拜，口中直称："恭祝陛下！"唐太宗惊奇地问："何事如此庄重？"皇后回答："妾闻主明才有臣直，今魏征言直，由此可见陛下之明，妾故恭祝陛下。"唐太宗转怒为喜，打消了给魏征治罪的念头。

魏征是中国历史上赫赫有名的谏臣，他的一片忠心，自是无可非议，不过他所用的方法实在值得商榷。而皇后孙氏的劝谏方法则高明得多。她没有直接替魏征求情，而是巧避锋芒换一个角度来看问题，从臣子的刚直与君主的开明之间的密切关系，来说明正直敢言的忠臣的重要性，而且由于是在恭维皇帝，自然令皇帝龙颜大悦。可见，同样是忠言，顺耳的话比逆耳的话更能让人接受。

因此，当我们向别人提出忠告时，应尽量避免用逆耳的话刺人，而应该尽可能多地把它转化成顺耳之言，因为这样往往可以获得更好的效果。在谈判中如果发生意见分歧，不直接争论，巧避锋芒也是一种解决问题的好方法。

人都有不甘示弱的精神，但要看具体的情况，需要强势的时候可以不甘示弱，不能针锋相对的时候就要巧避锋芒。

在这个大千世界里，每个人的生活都不像想象的那样完美，难免会有冲突和矛盾。一般的人会在冲突面前暴躁，甚至失去理智；而低调的人则会头脑清醒、心平气和。

平心静气，巧避锋芒，并不是让人听天由命，而是教我们要正视矛盾，认识现实。同时，又对现实持以乐观豁达的态度，面对争执能够进行自控。

生活真的很美好，一句问候的话语，一串爽朗的笑声，一个会心的眼神，一次愉快的交谈，一场难得的聚会，一次畅快的旅游，一顿可口的饭菜，受到称赞表扬，得到希望鼓励，体会温柔亲切，享受人间真情、生活美味，都可叫人愉悦、快乐。还有听那美妙的音乐，看电视，上网，玩乐，打球，运动健身，把握尺度，遵循规律，真也非常合美！

打开心灵的芳草地，回忆过去，珍惜现在，感悟生活，开启心智，憧憬希望，展望未来，更是一幅美妙的生活画卷。

心灵悄悄话
XIN LING QIAO QIAO HUA

平平淡淡的生活有恬静之美，轰轰烈烈的生活有张扬之美，甜蜜如意的生活是幸福之美，愁苦痛怨的生活是酸和辣，尝过了，才知甜滋味，经历了才悟到人生的苦乐真谛，这样的美是凄婉之美！

“示弱”的胸怀

有一种瓢虫，每当人用手碰它时，它就会紧紧把脚缩起来，停止不动，无论怎么拨弄它，它就像死了一样不动，可是过了一段时间后，它又开始走动了。有一种鸟，在它孵卵时期，若有外敌入侵，它会扇动自己的翅膀，先佯装与外敌搏斗，然后便假装受伤，跌跌撞撞地装出一副失败而逃的样子，外敌见它逃跑，就会过去追逐，等外敌远离鸟巢时，此鸟便立刻快速逃走，从而保全了巢中的卵。**为人处世中，示弱不仅是险中求退、安身自保的策略，更是韬光养晦的必备条件。**

历史上一提及蜀后主刘禅，人们便觉得他是无能的“阿斗”，有的人甚至用其来形容呆笨无能的人。事实上后主刘禅并非像人们传说的那样昏庸无能，从自保的角度讲，在当时的那种历史背景下，他的行为是不得已而为之。

当强大的曹魏大举攻蜀，弱小的蜀国兵力不敌时，刘禅无奈，被迫投降。正是由于他懂得自己的“实力”，所以自知其明，到洛阳后被曹魏封为安乐公，但魏国的实权派人物、晋王司马昭对他却怀有戒备心理，此时这位蜀汉后主只好采取“愚钝”姿态来自保。

不久司马昭专门设宴招待刘禅，特意请人表演蜀地技艺，以此来检验刘禅是否真正投降。身为蜀国后主，刘禅看到自己国家的表演，自然内心十分哀伤，但他清楚自己的处境，知道自己一旦表现出悲伤，让老谋深算的司马昭看出破绽，于是他强忍悲伤，强充笑脸，装出一副若无其事的样子。

他的这一招果然见效,司马昭见他如此愚钝,便放下戒心,对他的亲信贾充说:“人之无情,乃至于此。虽使诸葛亮在,不能辅之久全,况姜维邪?”贾充凑趣地说:“不如此,公何由得之!”戏艺结束时,司马昭又试探刘禅:“颇思蜀否?”刘禅装出惊讶的表情,回答道:“此间乐,不思蜀也。”

与刘禅一起降魏的旧臣郤正觉得他回答的不到位,于是宴后提醒刘禅说:“主公方才回答的话有些不妥,如果以后司马公再问您这类话,您应该流着眼泪,回答说‘祖先的坟墓都在蜀地,我怎能不想念呢?’”刘禅听到此话,思索片刻,同意他的建议。几天后,司马昭再次问起刘禅是否想念故国,刘禅这时装作一副悲伤的样子,尽力控制自己的眼泪。司马昭事先与郤正有过沟通,他不动声色地说:“此话怎么像郤正的腔调?”刘禅假装一惊,一副天真的表情说:“先生您怎么知道?这正是郤正教我的!”司马昭听了,哈哈大笑。从此司马昭彻底放弃了对刘禅的陷害之心。刘禅虽身处险境而有惊无险,平安地度过了余生。

向别人示弱还表现在向别人讲述自己的经历,让别人觉得自己并不是深不可测,自己也是一个普通的凡人。比如那些在别人眼里的成功者可以向别人介绍一些自己的失败经历与现实的烦恼,告诉人们成功并非易事。那些拥有一技之长的人可以向别人诉说自己当年一窍不通的窘况,袒露自己渡过难关的心理历程。除此之外,示弱还表现在具体行动上。当自己在事业上小有成就时,为了避免不必要的竞争,你我应采取回避退让。解铃还须系铃人,只有这样才能减少别人对你的成功的嫉妒,不必要再为一点微名小利惹火烧身。

8岁那年,在祖母的力挺下,康熙当了皇帝。康熙那时还是一个什么都不懂的小孩子,他的父亲顺治帝临死前,命四个满族大臣辅佐他处理国家大事。鳌拜虽位居四大臣之末,但他掌握着兵权,并不断扩大着自己的势力。鳌拜不仅性情凶残霸道,而且有权有势,如日中天,皇帝简直成了他的附属品。

在康熙十四岁亲自执政后，鳌拜还是专横地把持着朝政，根本不把皇帝放在眼里。不但小皇帝对他十分畏惧，就连众大臣也是敢怒不敢言。康熙想除掉鳌拜，但慑于他的权势，只好先装模作样。他用一切时间学习政治，用一切机会实践政治。同时，他还要做出依然不懂事的样子，傻玩傻闹，结果连狡猾的鳌拜都没有看出他的真实想法。

有一次，鳌拜和另一位辅政大臣苏克萨哈发生争执，他就诬告苏克萨哈心有异志，应该处死。康熙知道这是鳌拜诬告，就没有批准。这下可不得了，鳌拜在朝堂上大吵大嚷，卷着袖子，挥舞拳头，闹得天翻地覆，一点儿臣下的礼节都不讲了，最后，还是擅自把苏克萨哈和他的家属杀了。

从这以后，康熙更是下决心要整顿朝政。为了擒拿鳌拜，他想出一条计策。康熙在少年侍卫中挑了一群体壮力大的留在宫内，叫他们天天练习扑击、摔跤等拳脚功夫。空闲时，他常常亲自督促他们练功、比武，而且，消息一点都没有走漏出去。

有一天，鳌拜进宫奏事，康熙正在观看少年侍卫练武，只见少年侍卫正在捉对儿演习，一个个生龙活虎，皇帝还在场外指指点点。康熙看见鳌拜来了，大吃一惊，心想坏了，如果被鳌拜看出破绽，那别说皇位坐不安稳，就连命也要赔进去了。

他灵机一动，故意站起身走进场去，笑着夸奖这个勇敢，奚落那个功夫不到家，说：“来，你和我打一架，看看我的功夫。”一副贪玩的少年形象。

鳌拜一看皇帝如此胡闹，心中暗笑，看来这大清的江山，可能是我鳌拜的了。鳌拜走近康熙，刚要奏事，康熙却摆摆手说：“今天玩得痛快！有事先不要说，等我……”

鳌拜连忙说：“皇上，外庭有要事奏告。皇上下次再玩吧。”康熙这才恋恋不舍地和鳌拜进殿去了。

过了一段时间，少年侍卫们的武艺练习得有了长进，鳌拜的疑心也全消除了。这时，康熙决定动手除奸。这天，他借着一件紧急公事，召鳌拜单独进宫。鳌拜哪里有什么防备，骑着马就大摇大摆地进宫来了。

康熙早已站在殿前，一见鳌拜走来，便威武地喝道："把鳌拜拿下。"只听得一阵脚步响，两边拥出一大群少年侍卫，一齐扑向鳌拜。鳌拜被众少年掀翻在地，捆缚起来，关进大牢。康熙用示弱之法，除掉了这个朝廷祸害。

适度适时地示弱，可以混淆对方的视听，使其做出错误的判断，也可以迟滞对方做出决定的时间，从而给自己更多的时间。

心灵悄悄话
XIN LING QIAO QIAO HUA

在我们的人生的道路上，当我们面对困境时，在我们力量弱小时，一定要学会隐藏自己，在暗中积蓄实力，只有这样才能有自己的出头之日。

谦卑地活着

古今中外，凡成就事业、对人类有所作为的无一不是脚踏实地、辛苦工作的人。凡事都要脚踏实地去做，不流于空想，不骛于虚声，以此态度求学，则真理可明；以此态度做事，则可功成业就。

俗话说："种瓜得瓜，种豆得豆。"一个人种下什么，就会收获什么。种下坦诚，收获的就是坦诚。以诚感人、踏实勤奋，收获的就是事业上的成功。

小雯是一所名牌大学的毕业生，在校期间，她热情、活泼、干练、大方。她挑选了一家信誉较好、知名度较高的合资企业，并如愿以偿做了公司的文员。

小雯挑选合资企业是因为这样更容易实现自己的理想——将来要当个领导。她要在这里学习外国人先进的管理经验，同时也积攒点钱，为日后自己的发展打基础。因此，从底层做起的思想准备很充分。她所在的办公室连她才三个人，一个是四十多岁的汤姆，一个是与她年龄差不多的刚。汤姆是头，经常与领导外出谈生意，刚忙着永远也不见少的文件资料，每当电话铃声一响，刚总是朝小雯努努嘴，示意要她听电话，她手头的活再忙也得放下。要是有客户来，端茶递水也总是小雯干的活。至于业务上的事，无论小雯怎样态度谦恭地请教，汤姆和刚都只会装聋作哑，除了是或不是，绝不会多说半个字。

同仁间的冷漠是小雯最不理解的。如何适应一个冷漠的环境成了小雯的心病。她心里明白，这样的事情是每一个初入职场的人都会碰上的，所以尽量让自己放低姿态,用诚恳去打动别人。

小雯的行为体现了低调做人、踏实做事的原则。生命的延续是艰难的,为了生存,一个人必须辛勤地做事;为了发展和成长,必须努力面对挑战,设法解决许多难题。所以肯吃苦的人,不但精神生活充沛,物质回报也多。**低调又踏实的人会健康有活力,前程乐观,反之,好逸恶劳的人会逐渐消沉、堕落。**

低调做人、踏实做事,代表一个人肯为自己的生活负责,是一位肯担当、不敷衍塞责的务实者,他们肯在失败中寻找教训和经验,肯在顺境中打下更广的根基,更重要的是他们有一种锲而不舍的乐观和冲劲。当别人笑他们不懂得享受时,他们却暗暗地告诉自己:劳动本身就是一种享受。

幸福是从我们的劳动、做事中产生的,事业是幸福的最主要源泉。很多俗语形象生动地说明了幸福来自低调做人、踏实做事的真理。有歌词唱道:生活就像爬大山,生活就像趟大河。不管你是否愿意,生活总是不以人的意志为转移地将难题、困境推到你的面前,让你时常领略到爬山、蹚河的滋味。

低调做人、踏实做事,可以贯穿整个人生的方方面面。有这样一个故事:

有一位厂长就职时向员工发表别出心裁的讲话:"我来当厂长,我打心底里高兴!但厂长不好当,担子重啊!从现在起,我把这个厂给大家交个底儿,我不想干两件事就'捞一把',所以我一定要和大伙儿一块干出个样子来。这就好比一根绳子上拴着两只蚂蚱,飞不了你们,也蹦不了我……"

这几句话平实、通俗,没有大道理,更没有表面的客套,只是想带领员工踏踏实实地干一番事业。显然,他能够赢得员工的信任,因此有许多人说:"这个厂长挺实在……""厂长是个老实人,我们跟着实在的厂长干,叫人心里踏实……”

就是因为这位厂长的谦虚低调的态度，以及诚恳实在的话语，当着全厂职工第一次亮相就“得了高分”。他这次亮相前对说话的方式、内容、角度进行了周密的考虑，实实在在地讲出了自己上任时的心理活动及上任后的打算，从而达到了与职工交流的目的。

日本著名的推销员原一平说过：“做人做生意都一样，第一要诀是踏实坦诚。踏实坦诚就像树木的根，如果没有根，那么树木也就没有生命了。”原一平自身的成功也证明了这一点：

年轻时原一平曾在一家机器公司当推销员。有一次他在半个月内就和30位顾客做成了生意。不久，他却发现他现在所卖的这种机器比别家公司所生产的同样性能的机器价钱要贵。他想：如果客户知道了一定以为我在欺骗他们，会对我的信用产生怀疑。为了妥善解决问题。原一平便带着合约书和订单，逐户拜访客户，如实向客户说明情况，并请客户重新考虑选择。这种诚实的做法使每个客户都深受感动，结果30人中没有一个解除合约，反而成了更加忠实的消费者。

做生意的规律是，只要你的一个产品有问题，你的全部产品就都会受到怀疑。做人也是如此，比如你在说话过程中，只要你十句话中有一句是谎言，你的全部话语就都会受到质疑。

世上有以金钱财富为荣者，有以职称名誉为荣者，有以文凭服饰为荣者。然而，这些东西都不能表明一个人的真实价值。**如果一个人不是通过自己的劳动和创造，为社会和他人做出自己应有的贡献，如果不是坚持正直、诚实、高尚的人格，那么一切财富、地位、职称、文凭、服饰，以及华而不实的知名度，都不过是掩盖其真相的假面具，而这假面具也终究会有被揭穿的一天。**

一次老同学聚会上，谁也没想到阿昆是混得最好的人，更没想到的是，从毕业至今，他竟然在一个公司待了10年。现在还有谁会在一家公司干上10年？能做5年就已经是奇迹了。他现在是一家外资企业的生产总经理，年薪20万。他是自己开小车来的，全班仅他一个。不少同学向他讨教成功之道，谁知他只有一句话："我只为今天的牛奶。"

他说："其实我也曾想过换个环境，但现在的工作这么难找，再说，你又不能保证新工作会比原来的好，与其这样浪费精力，倒不如全身心投入到现在的工作上去，多学点东西。我在生产线待了3年，然后当技术员两年，后来当上了副经理，现在把副字去掉了……为今天的牛奶努力吧，兄弟们，别一山望着一山高。我们常说'牛奶会有的，面包也会有的'，可是我们必须得为今天的牛奶努力，不然一切都没有了。"

今天有一种说法叫作：光有埋头苦干的精神不行，还得会搞关系。许多人认为现在学会"做人"比干好工作更重要，会"做人"的人吃香，而一门心思干工作，不过是"傻干"、是糊涂，得不到一点好处。有人结合自己的亲身经历得出了"光靠实干要吃亏"的结论。为什么有人会欣赏"既要干工作更要拉关系"的观点呢？问题恰恰出在没把"做什么人"、"做老实人是否吃亏"等问题搞清楚。

有些人受社会上流传的"干得好不如关系硬""辛苦干一年，不如领导家里转一转"等歪理的影响，片面相信关系是万能的，导致价值取向和思想道德标准发生偏移，曲解了做人的真谛，把做人之道庸俗化了，如何做人，可以反映出一个人的人生态度、道德情操和思想境界。我们不否认身边确有极少数人靠拉关系得到"回报"和"好处"，但绝大多数人是靠实干获得进步的，这也是事实。靠实干赢得进步，才有做人的尊严，才能受到他人的敬佩。

达尔文写《物种起源》用了28年，徐霞客写《徐霞客游记》用了34年，哥白尼写《论天体的运行》用了36年，托尔斯泰写《战争与和平》用了37年，马克思写《资本论》用了40年，歌德写《浮士德》用了60年。

真让人感叹，我们同时能想到相似的数据：爱迪生发明蓄电池，试验了1万多次才告成功；诺贝尔研制无烟炸药，屡败屡试，煎熬8年才出成果；陈景润为证明哥德巴赫猜想，拖着严重衰竭的病体。顶着种种无知的嘲讽，于斗室中、油灯下埋头演算……

以上人物，以文学艺术或科学技术的巨大成就，为人类社会的进步做出了杰出的贡献，按通常的理解，他们都有卓绝的聪明才智，都属于天才。然而，这里非但没有读出他们的聪明才智，反而读出了他们非凡的糊涂劲来。

写一部书，有的数十年，有的尽毕生精力，能说不糊涂？而另外几位，除了几近疯狂地埋头于自己的选择，简直不知世上还有其他可爱的事物。能说不糊涂？我们的世界丰富多彩，人生可享受的美妙也数不胜数，许多聪明的人，有条件享受的，就去充分享受，没条件享受的，也挖空心思创造条件享受。哪像他们，糊涂到这般地步，连常人应有的享受，也随便放弃了，而是千方百计自找苦头来吃！可是他们的最终成功却是得益于这种糊涂，这或许是那些聪明的人做不到的，因此他们也不会有如此的成功。

心灵悄悄话

XIN LING QIAO QIAO HUA

对一个聪明人来说，每一天都是一个新的开始，你当然可以谋划自己的理想和前程，甚至可以放眼世界寻找更好的机会，但不要忘了我们首先得“为今天的牛奶努力”，在每个“今天”执着、踏实地走好每一步。

虚怀的人有一颗博大的心

生活中，难免会出现各种不快、摩擦和委屈，和人产生矛盾是常有的事。**如果两个人之间谁也不肯妥协，而是针尖对麦芒的话，怨恨就会像一只气球一样，越鼓越大，最后会膨胀到让人无法控制的地步，直至爆炸。**

美国石油大亨洛克菲勒在年轻的时候也是一个一无所有的穷小子，就像当时许多年少无知的年轻人一样，到处流浪，得过且过。不过，在洛克菲勒的心里一直存有一个梦想，那就是期望自己有一天能够拥有一笔任由自己支配的巨大财富。

带着这个伟大的梦想，洛克菲勒四处流浪，有一次，他来到了一个很偏僻的小镇上并结识了镇长杰克逊先生。杰克逊先生年过五旬，一直以来都生活在这个虽不繁华但是却令自己备感亲切的小镇上。虽然他已经担任很多年的镇长了，但是镇上的人们好像不约而同地都忘了选举新的镇长一样，从来没有人会质疑：为什么杰克逊会是镇长？

事实上，杰克逊也确实是担任镇长的最佳人选，他性格开朗、为人热情，而且平易近人，更为重要的是，他有一颗善良博大的心。不论是镇上的原始居民，还是来到镇子上的任何一个人，凡是和杰克逊有过一定接触的，都会深深地感受到杰克逊的善良和热情，同时自己在待人接物方面也会受到不同程度的影响。

洛克菲勒租住的小旅馆离杰克逊镇长的家非常近。甚至每当洛克菲勒站到旅馆旁的大门前向远方遥望时，都会清晰地看到镇长家门口那片井井有条、长满各色鲜花的花圃。热情的杰克逊镇长每次路过遇到洛克菲勒时，都会停下忙碌的脚步问这个独在异乡的年轻人有什么需要帮忙的地方。当洛克菲勒需要一些生活用品时，热情的镇长夫人总是会十分高兴地给予帮助，而且镇长还会时不时地让女儿为洛克菲勒送去一些妻子做的可口点心。

洛克菲勒在这个小镇上住了一段时间后，决定离开这个小镇，但在离开之前，他要特别感谢杰克逊镇长一家给予他的无微不至的关照。然而就在他准备向镇长告别时，小镇上迎来了连续的阴雨天气，于是洛克菲勒不得不继续停留在这里，同时他也在心里咒骂着这该死的鬼天气。

连绵的阴雨天气总是最讨人嫌的，淅淅沥沥的小雨时断时续，每当雨停的时候，洛克菲勒都会走出旅馆的大门——实际上洛克菲勒就住在杰克逊家的斜对面，看看镇长家门前因经雨露滋润而更感娇艳的花朵。这天，当他走出旅馆大门的时候，发现来来往往的人群已经把镇长家门前的花圃踩得不成样子了。洛克菲勒为此感到非常的气愤，他真为镇长和这些花朵感到惋惜，于是他站在那里指责那些路人的行为。

可是第二天，路人依旧踩踏镇长家门前的那片可怜的花朵。第三天，镇长拿着一袋煤渣和一把铁锹来到了泥泞的道路上，他用铁锹把袋子里的煤渣一点一点地铺到了路上。一开始洛克菲勒对镇长的行为感到不解，他不知道镇长为什么要替这些践踏自己家花圃的路人铺平道路。可是很快他就明白了镇长的苦心，原来有了铺好煤渣的道路，那些路人再也不用踩着花圈走过泥泞的道路了。

虽然洛克菲勒最后还是离开了这个小镇，但是他知道，自己已不是一无所获地离开了，他带着镇长杰克逊告诉自己的一句话从从容容地踏上了追求梦想的道路，那句话就是“善待别人就是善待自己”。一直到成为闻名于全美的石油大王，洛克菲勒依然牢牢地将这句话铭记在心中。

没错，善待别人就是善待自己。那些自私的人不愿意对别人付出任何关爱，因此他们永远不会体会到来自他人的友情和温暖；而那些拥有宽容胸怀的人则终生都生活在关爱与幸福之中，这些温暖与快乐不单单来自于别人,也来自他们自己。

有位哲人说过一句耐人寻味的话:“人生的每一次付出,就像在空谷当中的喊话,你没有必要期望要谁听到,但那绵长悠远的回音,就是生活对你的最好回报。”

一片茫茫沙漠的两边存在着两个村庄。从一个村庄到另一个村庄,如果绕过沙漠走,至少需要马不停蹄地走上20多天;如果横穿沙漠,那么只需要3天就能抵达。但横穿沙漠实在太危险了,许多人为了寻找捷径,结果再也没有从沙漠里出来。

后来有一天,一位智者经过这里,让村里人找来了1万株胡杨树苗,每半里栽一棵,从这个村庄一直栽到了沙漠那端的村庄。智者告诉大家说:“如果这些胡杨有幸成活了,你们可以沿着胡杨树林来来往往;如果没有成活,那么每一个走路的人经过时,要将枯树苗拔一拔,插一插,以免被流沙给淹没了。”

虽然,这些胡杨苗栽进沙漠后,很快就全部被烈日烤死了,但成了路标。沿着“路标”,这条路大家平平安安地走了几十年。

有一年夏天,村里来了一个旅人,他坚持要一个人到对面的村庄去。村民们告诉他说:“你经过沙漠之路的时候,遇到要倒的路标一定要向下再插深些;遇到要被淹没的树标,一定要将它向上拔一拔。”

旅人点头答应了,然后就带了一皮袋的水和一些干粮上路了。他走啊走啊,走得两腿酸累,浑身乏力,一双草鞋很快就被磨穿了,但眼前依旧是茫茫黄沙。当遇到一些就要被尘沙彻底淹没的路标,这个旅人想偷个懒,说道:“反正我就走这一次,淹没就淹没吧。”他没有伸出手去将这些路标向上拔一拔,遇到一些被暴风吹得摇摇欲坠的路标时,他也懒得弯腰扶正或者是往下再插一插。

当这个旅人走到沙漠深处的时候,寂静的沙漠突然飞沙走石,有些路标被淹没在厚厚的流沙里,有些路标被风暴卷走了,没有了影踪。

旅人像没头的苍蝇似的东奔西走,却无论如何也走不出这片浩瀚的沙漠。在生命即将结束的那一刻，旅人十分懊悔：如果自己能按照大家吩咐的那样做，那么即便没有了进路，还可以拥有一条平平安安的退路。

是的，给别人留条道路，其实就是给我们自己一条退路。对他人行善，关爱他人，实际上就是在善待自己，关爱自己；善待他人，关爱他人，实际上就是善待自己，关爱自己。

心灵悄悄话

XIN LING QIAO QIAO HUA

面对生活中的怨恨与不愉快，我们只有不念旧恶，不计新怨，在应当宽容让人的时候就宽容待人。安德鲁·马修斯在《宽容之心》中说道："一只脚踩扁了紫罗兰，它却把香味留在那脚跟上，这就是宽恕。"话很简单，却异常地启人心智。

理性地看待问题

要想做事顺畅，做事高效，就要培养自己看准时机的眼光。拿破仑说过："如果我总是表现得胸有成竹，那是因为在提出任何承诺前，我都是经过长期的思考，并预见了可能发生的情况。"

美国著名人际关系交往专家卡耐基曾租用纽约一家饭店的大舞厅，用来兴办每季度一系列的讲课。

在一个季度刚开始的时候，他突然接到通知，说他必须付出比以前高出3倍的租金。卡耐基拿到这个通知的时候，他讲课的入场券已经印好，并且发出去了，而且所有的通告都已经公布了。

卡耐基不想付这笔增加的租金，可是着急是没有用的，几天之后，他去见了饭店的经理。

"收到你的信，我有些吃惊，"卡耐基说，"但是我根本不怪你。如果我是你，我也可能发出一封类似的信。你身为饭店的经理，有责任尽可能地使收入增加。如果你不这样做，你也许会丢掉现在的职位。但是，现在我们拿出一张纸来，把你因此可能得到的利弊列出来。"

然后，卡耐基拿了一张纸，在中间画了一条线，一边写着"利"，另一边写"弊"。他在"利"这边写下这些字："舞厅空下来。"接着说："你把舞厅租给别人开舞会或开大会是最划算的，因为这类的活动，比租给我当讲课用能增加不少的收入。如果我把你的舞厅占用20个晚上来讲课，你的收入就要少一些。"

"现在，我们来考虑坏的方面。第一，如果你增加租金，你不但不能从我这儿增加收入，反而会减少收入。事实上，你将一点收入也没有，因为我无法支付你所要求的租金，我只好到另外的地方去开这些课。”

“你还有一个损失。这些课程吸引了不少受过教育、修养高的人到你的饭店来。这对你是一个很好的宣传。事实上，如果你花费5 000美元在报上登广告的话，也不能像我的这些课程一样能吸引这么多的人来你的饭店。这对你们来讲，不是价值很大吗？”

卡耐基边说边把这两项坏处写在“弊”的下面，然后把纸递给饭店的经理，说：“我希望你好好考虑你可能得到利和弊，然后告诉我你的最后决定。”

第二天，卡耐基收到一封信，通知他租金只涨50%，而不是涨3倍。

卡耐基没有提自己的要求，只是很理性地为饭店经理分析了利弊，就得到了减租。

不论做什么事，人们都需要选择如何去办。选择的目的就是为了权衡利弊得失。在权衡的过程中，就要理性地分析问题。只有理智压过了情绪才有可能产生高效的决策。

国际商用机器公司的总经理沃森先生就是一个善于通过分析问题，找到关键性问题的人，他不仅善于和厂长、经理、专家们打交道、交朋友，而且经常深入到顾客和工人之中，了解产品情况，找出症结，做出决断。

一次公司召开销售经理会议，各地分支机构的经销负责人在会议上提出了一大堆问题。为了强调各自问题的严重性和迫切性，他们都准备了详尽的材料。分别标明“设计中的问题”“生产中的问题”，讨论了很长时间也没理出头绪，会议陷入了僵局。

这时，沃森先生站了起来，他慢慢地踱到桌子面前，突然用手猛地一扫，材料飞得满屋子都是。他大声说：“这里没有这类问题那类问题，所有的问题只有一个，就是我们对顾客没有充分的注意和关心！”说罢他大踏步走出了会议室。

会议继续进行着，这次他们在讨论总经理留下的唯一问题。他们关心顾客，改善售后服务，制订了很多很好的措施和办法，还打出了自己的广告："国际商用机器公司意味着服务。"

沃森这一口号变成了全体职工必须遵守的信条，并且在实施过程中不断完善，使每一个人都牢记在心，为提高服务质量达到了狂热的程度。

世界知名的管理顾问大师彼得·德鲁克在诊断问题时，总是先推开雇主提出的一大堆难题，转向客户问："你最想做的事情是什么？你为什么要去做呢？你现在正要做什么事？你做这件事的意义是什么？"

德鲁克从不替客户"解决问题"，而是替客户"界定问题"。

他总是改变客户所问的问题，提出一连串的问题反问客户。其目的是要帮助客户认清问题、分析问题，然后让客户自己动手去解决那个最需要处理的问题。

我们往往为了追求结果，而没有耐心花时间去理性地分析问题。我们常常只花几分钟就提出问题，甚至数年去解决一个不重要的问题。其实我们只要分析问题，把问题简单化、明确化、重要化（即判断出问题的重要性），那么问题就解决了一半。

人在完全理性下能够实现效用最大化。但是，理性地处理问题的基础是来自对客观事实的正确判断，来自知识的积累和综合的分析，尤其不要跟风和人云亦云。再者，分析问题不能局限于问题本身，要看到更广阔的背景才有利于正确判断。还有就是，展开想象应有尺度，不要盲目想，一定要尊重事实，切忌胡思乱想。这样，做事才能避免复杂、混乱的局面。

让事情变得简单的方法就是减去那些无足轻重的杂事，明确事物的实质，理性地分析问题，唯有这样才能做出正确的判断。若对繁杂的事情不能理性地分析把握，就不能充分认识事情的本质，也就无法高效地解决。

一天，一个制造工厂的首席执行官决定到基层查看。在他四处走动的时候，碰上了一个名叫特德的设备操作员，很明显特德正无事可做。他便问特德怎么回事，这个员工解释说，他正在等一个技术员来校准设备。并且特德还不失时机地向首席执行官抱怨自己已经等技术员很长时间了，电话打了好几次，可还不见人来。

首席执行官问："特德，这台设备你用了多长时间了？"

特德回答说："大概有20年了。"

首席执行官继续说："特德，也就是说，你用了20年你还不知道如何校准这台设备？这很难让人相信。因为我知道你可是我们最好的机械师。"

"哦，先生，"特德自豪地回答，"我闭上眼睛都能校准这个设备。但你知道，校准设备不是我的工作。我的工作流程与职责说了，期望我使用这台设备，并将校准方面的问题报告给技术员，但不必修理设备。"

首席执行官忍住自己的沮丧，邀请这位设备操作员到办公室，并拿出一份工作流程与职责。"我要告诉你，"首席执行官说，"我将为你写一份更有意义的全新的工作流程与职责。"首席执行官边说边将那份工作流程与职责撕掉了，并很快在一张新表上写了点什么东西，递给了特德。

新的工作流程与职责就一句话："用你的脑子。"

即使是作为一名最为普通的员工，我们所扮演的角色也不只是一名被管理者。彼得·德鲁克认为，任何一名高效的工作人员都应该是一名管理者，都应该学会自我管理，并找出自己的绩效和企业贡献之间的联系，以便为企业贡献智慧和力量的时候发挥出更大的作用。只有先通过学习成为一名能够自我管理的员工，然后才能成为一名管理者。

所以，在我们的工作当中，不能被动地等待，不能像特德那样等着老板告诉自己要怎么做。我们应该动用脑子，全面检查自己的工作，不要局限于职位要求的地方。工作中有了问题，要知道主动地拿出具体的解决方案，去管理者那里寻求帮助，与他们进行沟通，获得他们的认同，改进工作的方法和技巧，进行更加高效的自我管理。

人和人之间最大的差别是思维能力与方法的差别,是做事用心程度的差别。善思者高人一筹、事半功倍,不善思者人云亦云、亦步亦趋,高效做事的前提是要思考,对一件事想清楚、想全面、想透彻。

很多事情并没有固定的程序模式,大部分场合我们只有一个抽象的目标指导。在什么时间该做什么事,该如何去做都是需要个人判断的。善于思考的人做事往往能把握事情的脉络,把事情简单化,并且做得很周到。

我们做事情是按照我们对事情的理解去做的,因此如何理解所要做的事情很关键。所以我们工作的过程应该带着思考,能够从小方面看到大方面,从点看到面,从表象看本质。高效人士做事不仅只做到手勤,脑勤也是最重要的。

曾经有位记者问老演员查尔斯·科伯恩一个问题:"一个人如果要想在生活中做成大事,最需要的是什么? 大脑? 精力? 还是教育?"

查尔斯·科伯恩摇摇头,"这些东西都可以帮助你成大事。但是我觉得有一件事甚至更为重要,那就是:看准时机。"

"这个时机,"他接着说,"就是行动——或者按兵不动,说话——或是缄默不语的时机。在舞台上,每个演员都知道,把握时间是最重要的因素。我相信在生活中它也是个关键。如果你掌握了审时度势的艺术,在你的婚姻、你的工作以及你与他人的关系上,就不必去追求幸福和成大事,它们会自动找上门来!"

这位老演员告诉我们,如果你能学会在时机来临时识别它,在时机溜走之前采取行动,事情就会大大简化。

把自己的目标深深地埋在心里,然后静待时机,也是高度智慧的体现。

1934 年,美国总统罗斯福为挽救美国历史上最严重的经济危机采取新政。实业家哈默密切地注视着形势的发展,他感觉到自己事业大发展的时候可能到了,因为新政一旦实施,禁酒令就会被废除。

早在1922年的时候,美国议会通过了《沃尔斯台德法案》。法案规定不许酿造和销售酒精含量超过5%的饮料,而到了20世纪30年代,因为经济危机,罗斯福总统不得不推行一系列改革的新政策。随着新政策的出台,哈默凭自己多年经商的眼光判断,认为罗斯福总统会取消已经不合时宜的禁酒令。而禁酒令一旦被解除,全美国对啤酒和威士忌酒的需求将会出现一个高潮。

然而市场上还没有酒桶,于是哈默把眼光盯住了白橡木酒桶。

看准了这个商机之后,哈默很快就从苏联订购了几船桶板。当货物运到美国时,却发现运来的不是成型的桶板,却是一块块晾干的白橡木板。等不及追究谁的责任,哈默马上就近租用了一个码头,修建了一座临时的桶板加工厂,日夜不停地加工这些白橡木板。

哈默的眼光是正确的。如他所料,禁酒令很快就被解除了。当禁酒令解除时,哈默的酒桶正从生产线上源源不断地下线,这些酒桶很快就被各大酒厂抢购一空,因为供不应求,哈默又建立了一个现代化的加工酒桶的工厂,钞票源源不断地流入了哈默的口袋。

要想成就大事,就要养成看准时机再行动的习惯。做事高效的人在做事的时候,总是先看准时机再行动。

大千世界,无奇不有;芸芸众生,各有所异;事态变化,难以预料;成败与否,一言难定。

人一生最大的成就不在于你是否在某个领略独占鳌头,亦不是你让身边的人敬而远之,而是,以德服人。很多人常以“才”为傲,殊不知千千万万个南郭先生在我们身边徘徊。才,是成功的重要因素之一,但倘若没有德与之同行,才也未必能彰显出其优势。

金无足赤,人无完人。任何人在看待、处理问题时都不可能做到面面俱到、十全十美,但是,我们应该学会辩证地看待问题,理性地解决问题。把所有的错误都归咎于任何一方,采取偏激的言论、行为解决问题,这不现实也不可取。论语有云:吾日三省吾身。为什么我们要接受教育,为什么我们要接受先进文化的熏陶，为什么我们要接受道德的洗礼？这还不是在于提升我们自己的素养吗？人，不应该把目光局限于眼前，要学会自省，学会反思，学会换位思考。对于一个人，我们不能仅以他一次两次的错误就把他判死刑，对于一个团体，我们亦不可因为某一个人两个人的错误而抹杀了它的所有成就。人非圣贤，孰能无错，而我们犯错了，第一时间不应该是找借口，不应该是推卸责任，应该是自我反省。

人经历多了，总会有那么一点收获。人活着，要充实但不能累乏。世道纷纭，熙熙攘攘，心为外利所动，几乎失去真我；物欲横流，乃至人心不古；求诸外欲，而忽略了内心的坦然。小事的纷争可掀起一场轩然大波，利益的冲突可引起众人反目成仇。其实，为什么我们就不能站在一个更高的角度去看待问题呢？当每个人都被利欲冲昏头脑时，我们还能理性地解决问题吗？不然，这就需要我们不断地自我完善，解决问题的方法很多，但并不是每一种方法都能行得通，而最佳的方法却一定离不开你个人的主观思想，我们只有冷静、理性地看待问题，思考问题，我们才能找到最佳的方法。

心灵悄悄话

XIN LING QIAO QIAO HUA

很多人的成功有时就体现在对事情的预见之中。有能力看准时机的人能及早地预测到事情发生的原因和发展的方向，所以能够未雨绸缪，把事情引向有利于自己的方向发展，使事情办起来很顺畅。做事不懂得洞察时机的人，只能任由事物发展，所以在做事的过程中可能会遭遇到更多的挫折和困难。

谦卑是做人的根本

“居功不傲,知荣守辱”是说一个人有了功劳也不要骄傲;只有明晓什么是荣耀,才不会做出自取其辱的事情。按照系统论的观点,任何一件事都不是孤立存在的,而是只能存在于一个系统之中。**有些人往往忽视这一点,他们在爬到一定高位时,不是居功自傲,便是矜才使气、盛气凌人。**

萧何是西汉初期的大政治家,汉初三杰之一。早年任秦沛县狱吏,秦末辅佐刘邦起义。攻克咸阳后,诸将皆争夺金银财宝,他却接收了秦丞相、御史府所藏的律令、图书,掌握了全国的山川险要、郡县户口,并知民间疾苦,对日后制定政策和取得楚汉战争胜利起了重要作用。项羽称王后,萧何劝说刘邦接受分封,立足汉中。刘邦为汉王,以萧何为丞相,萧何极力推荐韩信为大将军,东定三秦。楚汉战争时,他留守关中,侍太子,为法令约束,使关中成为汉军的巩固后方,不断地输送士卒粮饷支援作战,对刘邦战胜项羽,建立汉王朝起了重要作用。汉代建立后,以他功最高被封为“赞侯”,位次第一,食邑八千户。高帝十一年(公元前196年)又协助高祖消灭韩信、英布等异姓诸侯王,被拜为相国。萧何功高盖主,民间又有极好的口碑,为了避免高祖的诛杀,他小心翼翼,以“自毁其名”的方法逃避了被杀的厄运,寿终正寝。

萧何计诛韩信后,刘邦对他恩宠更加进一步,除对萧何加封外,还派了一名都尉率500名兵士作相国的护卫,真是封邑晋爵,圣眷日隆。众宾客纷纷道贺,喜气盈庭。萧何自是相当高兴。这天,萧何在府中摆酒席庆贺，兴高采烈。突然有一个名叫召平的门客，身着素衣白履，昂然进来吊丧。萧何见状大怒道：“你喝醉了吗？”

这位名叫召平的人，原是秦朝的东陵侯。秦亡后隐居长安城外家中种瓜，味极甘美，时人称他为东陵瓜。萧何入关，闻知他的贤名，招至幕下，每有行事，便找他计议，获益匪浅。今天，他见萧何仍未领会他的意思，便说：“公勿喜乐，从此后患无穷矣！”萧何不解，问道“我进位丞相，宠眷逾分，且我遇事小心谨慎，未敢稍有疏虞，君何出此言？”召平说道：“主上南征北伐，亲冒矢石。而公安居都中，不与战阵，反得加封食邑，我揣度主上之意，恐怕是在怀疑公。公不见淮阴侯韩信的下场吗？”萧何一听，恍然大悟，猛然惊出一身冷汗。次日早晨，萧何便急匆匆入朝面圣。力辞封邑，并拿出许多家财，充入国库，用作军需。汉帝刘邦果然十分高兴。

第二年秋天，英布谋反，刘邦亲自率兵征讨。他身在前方，每次萧何派人输送军粮到前方时，刘邦都要问：“萧相国在长安做什么？”使者回答，萧相国爱民如子，除办军需以外，无非是做些安抚、体恤百姓的事。刘邦听后，总是不再说话。来使回报萧何，萧何亦未识汉帝何意。

一日，萧何偶尔问及门客，一门客说：“公不久要满门抄斩了。”萧何大骇，忙问原因。那门客接着说：“公位到百官之首，还有什么职位可以再封给你呢？况且您一入关就深得百姓的爱戴，到现在已经十多年了，百姓都拥护您，您还不断地想尽方法为民办事，以此安抚百姓。现在皇上之所以几次问您在做什么，就是害怕您借助关中的民心所向有什么不轨行动啊！试想，一旦您乘虚号召，闭关自守，岂不是将皇上置于进不能战，退无可归的境地？如今您何不低价强买民间田宅，故意让百姓骂您、恨您，制造些坏名声，这样皇上一看您也不得民心了，才会对您放心。”萧何听从了门客的建议，刘邦知道后果然变得高兴起来，一场弥天大祸烟销于无形。

萧何何尝不明白，对于一般的小官吏，汉帝并不怕他们有反心。所以，一有贪赃枉法行为，必遭严惩。对于自己这样的大臣，汉帝主要是防止他们有野心，对于贪赃枉法那些小事，反而是无足轻重了。为了释去主上的疑忌，能够明哲保身，萧何不得已违心地做些侵夺民间财物的坏事来自污名节。

不久，萧何的所作所为就被人密报给了刘邦。果然，刘邦听后，像什么事也没发生一样，并不查问。当刘邦从前线凯旋时，百姓拦路上书，控告萧相国强夺、贱买民间田宅，价值数千万。刘邦回到长安后，萧何去见他时，刘邦笑着把百姓的上书交给萧何，意味深长地说："你身为相国，竟然也和百姓争利！你就是这样'利民'吗？你自己向百姓谢罪去吧！"刘邦表面上让萧何向百姓认错，补偿田价，可内心里却暗自高兴，对萧何的怀疑也渐渐消失。

镇国家、抚百姓的萧何，违心地干了侵害百姓利益的事情，心中相当愧疚，总想找机会补偿百姓。不久，萧何看到长安一带耕地很少，百姓缺衣少食，可是天子的上林苑中却有许多闲着的荒地用来放养禽兽。萧何觉得太可惜了，便上奏请皇上把这些荒地分给百姓去耕种，收了庄稼留下禾秸照样可以供养禽兽。汉帝刘邦当时正在病中，见此奏章，一怒之下，下令将萧何逮捕入狱。满朝文武以为萧何一定是犯了大逆不道之罪，怕连累自己，都不敢替他申辩。

幸好一个名叫王卫尉的人，平日肃敬萧何的为人，在侍卫刘邦时顺便向刘邦探问："萧相国犯了什么大罪？"刘邦余怒未消，道："休要提他！提起他朕就生气。当年李斯为秦相时，做了好事都归君主，出了差错就揽在自己身上。现在萧何受了商人的许多贿赂，竟要求我开放上林苑给百姓耕种，这分明是想取悦于民，自己得个好名声吗？不知道把我看成是什么样的君主了！"

王卫尉闻言奏道："陛下未免错怪丞相了。臣闻百姓丰衣足食，君上的欲望也不会得不到满足，相国为民兴利，化无益为有益，正是丞相调和鼎鼐应做的事务。民间百姓感激，断不会感激丞相一人，因为有这样的良相，必是贤明之君主选用的。还有一层，丞相如有野心，当年陛下在外征战数年，他那时候不费吹灰之力便可坐拥关中，何至反以区区御苑示好百姓，而去收买人心呢？"

王卫尉见汉帝认真在听，顿了一下，继续说道："前秦灭亡，正因君臣猜忌，才给了陛下机会。陛下若疑忌萧丞相，不但浅视了萧何，也看轻了陛下自己呀。"刘邦听了，心里虽然很不高兴，但想想王卫尉的话毕竟有道理，于是挥挥手，当天就命人放了萧何。

萧何当时年纪已经很大了，见刘邦开恩释放了他，更是诚惶诚恐，谨慎恭敬，就光着脚徒步上殿谢恩。刘邦见萧何如此狼狈，心里也有些不是滋味，便安抚萧何道："相国不必多礼！这次的事，原是相国为民请愿，我不允许。我不过是夏桀、商纣那样的无道天子罢了，而你却是个贤德的丞相。我之所以关押相国，就是要让百姓知道你的贤能和我的过失啊！"刘邦的这段话虽然言不由衷，但终于还是承认了萧何的廉政为民，从此以后，萧何对刘邦更是诚惶诚恐，恭谨有加。刘邦也照例以礼相待，但萧何为了一家人的安危，也只能从此对国事保持沉默了。

一个想真正有所作为的人，就不要把功名利禄看得太重，而应抱着淡然一笑的态度。所以，我们要正确对待已经取得的"功"，不骄不躁，随意淡然，谦虚谨慎，不要让路边的一座小山峰，阻挡了自己前行的道路。人生得意须淡然，否则失败会接踵而至。切记，富贵不骄，功成身退，得意淡然，低调做人。

心灵悄悄话

XIN LING QIAO QIAO HUA

试想宇宙之大、人际之繁，一人之功、一己之才算得了什么？更何况每一个人的"功"和"才"都是踩着别人的肩头摘得的。所以，财大而不气粗，居功而不自傲，才是做人的根本。

保持积极的心态

心态就像是磁铁，不论我们的思想是正面的还是负面的，我们都受着它的牵引。而思想就像是轮子，使我们朝一个特定的方向前进。虽然有时我们无法改变人生，逃脱不了命运的捉弄，但我们可以改变自己的人生态度。

人与人之间的智商差异并不是很大，但有的人能够创造伟业，而有的却一生平庸。这其间最大的差异就是心态，如果一个人心态积极，乐观地面对人生，那他就成功了一半；相反，如果一个人心态消极，就很难有成功的希望。在推销行业中，流传着一个这样的故事：

有两个人到非洲去推销皮鞋，由于非洲天气炎热，所以非洲人向来都是打赤脚。第一个推销员看到非洲人都赤脚，非常失望："这些人都赤脚，怎么会要我的鞋呢。"于是他放弃努力，失败而归；另一个推销员看到非洲人都赤脚，却惊喜万分："这些人都没有穿鞋，这鞋的市场大得很呢。"于是想方设法，引导非洲人购买皮鞋，最后发大财而回。

这就是一念之差导致的天壤之别。同样是非洲市场，同样是面对赤脚的非洲人，由于心态不同，一个人灰心失望，不战而败；而另一个人却满怀信心，大获全胜。

塞尔玛陪丈夫驻扎在一个沙漠的陆军基地里。她丈夫奉命到沙漠演习，她一个人留在陆军的小铁皮房子里，天气热得受不了。她没有人可以聊天，周边只有墨西哥人和印第安人，而他们又不会说英语。她非常难过，于是就写信给父母，说要丢开一切回家去。她父亲的回信只有两行，这两行信却永远留在她心中并改变了她的生活：两个人从牢中的铁窗望出去，一个人看到泥土，另一个却看到了星星。

塞尔玛一再读这封信，觉得非常惭愧，于是，她决定要在沙漠中找到"星星"。塞尔玛开始和当地人交朋友，她对他们的纺织、陶器感兴趣，他们就把自己最喜欢的纺织品和陶器送给了她。塞尔玛研究那些引人入迷的仙人掌和各种沙漠植物、物态，还学习有关土拨鼠的知识。她观看沙漠日落，还寻找海螺壳，这些是几万年前，这个沙漠还是海洋时留下来的海螺壳。原来难以忍受的环境竟变成了令人兴奋的奇景。她为发现新世界而兴奋不已，并为此写了一本书《快乐的城堡》。

是什么使这位女士内心有这么大的转变？

沙漠没有改变，印第安人也没有改变，是这位女士的心态改变了。心态的不同使她把原来认为恶劣的情况变成了一生中最有意义的冒险。她终于从自己造的牢房里，看到了星星。

生活中，平庸者遇到困难时，往往挑选容易的倒退之路。"我不行了，我还是退缩吧。"结果就真的陷入了失败的深渊。而成功者遇到困难，仍然是积极的心态，用"我要！我能！""一定有办法"等积极的意念鼓励自己，于是便能想尽办法，不断前进，直至成功。

美国总统富兰克林·罗斯福就是运用积极的心态，而成就事业的典型。

富兰克林·罗斯福8岁时是一个脆弱胆小的男孩，脸上总有一种惊惧的表情。如果被老师喊起来背诵，他会双腿发抖，嘴唇颤动不已，回答得含糊且不连贯，然后颓废地坐下去。他自我感觉很敏锐，别的小朋友会经常讥笑他，除了他的胆小，还有他的生理缺陷，他有龅牙。但他不把自己当作有缺陷看待，而把自己当成一个正常的人。他看见别的强壮的孩子玩游戏、游泳、骑马，做难度较大的体育活动，他也强迫自己去打猎、骑马或进行其他一些激烈的活动，使自己变得强壮起来。他用刚毅的态度对待困难，他用一种探险的精神，去对付遇到的可怕环境。他使自己变得非常勇敢。慢慢地，当他和别人在一起的时候，他不再有自卑的感觉，并且他也不再回避与人交往。

这种积极、乐观、进取的心态，激发了他的奋发精神。他的缺陷促使他更努力地去奋斗，他不因为同伴对他的嘲笑便减低了勇气。他用坚强的意志，咬紧自己的牙床使嘴唇不颤动而克服他的惧怕。在他未进大学之前，已由自己不断的努力，有系统的运动和生活将健康和精力恢复得很好了。他利用假期在亚利桑那追赶牛群；在落基山猎熊；在非洲打狮子，使自己变得强壮有力。当他成为西班牙战争中马队领袖的时候，他精力充沛，没有人对他的勇敢发生过疑问。没有人会想到，罗斯福曾经是一个体弱胆小的小孩。

他不因自己的缺陷而气馁，凭着奋斗精神，凭着积极的心态，后来，他终于成为美国总统。在他的晚年，已经很少有人知道他曾有严重的缺陷。

富兰克林·罗斯福成功的主要因素在于他的心态和他的努力奋斗。正是他这种积极的心态激励他去努力奋斗，最后终于从不幸的环境中找到了成功的秘诀。我们每个人都是自己命运的主宰，也都是自己灵魂的领导。

调整心态、拥有积极的心态，是现代社会的一种十分重要的生存技能。因为社会是非常复杂的，各种坎坷与挫折都很难预料，也是无法避免的，在无法改变现实的时候，拥有积极的心态就极其重要。

对如何培养积极的心态有下面几点经验：

1. 要心怀必胜的积极想法

美国亿万富翁、工业家卡耐基说过：“一个对自己的内心有完全支配能力的人对他自己有权获得的任何其他东西也会有支配能力。当我们开始用积极的心态并把自己看成成功者时我们就开始成功了。”

2. 言行举止像你希望成为的人

因为，积极行动会导致积极思维，而积极思维会导致积极的人生心态。心态是紧跟行动的，如果一个人从一种消极的心态开始，就很难成为他想做的积极心态者。

3. 用美好的感觉、信心与目标去影响别人

因为，人们总是喜欢跟积极乐观者在一起。运用这种积极的心态来发展关系，同时帮助别人获得这种积极态度。

4. 心存感激

在日常生活中，持有消极心态的人常常抱怨，而积极的人则会感恩。如果你常流泪，你就看不见星光，对人生、对大自然的一切美好的东西，我们要心存感激，则人生就会显得美好许多。

有这么一句话："一个女孩因为她没有鞋子而哭泣，直到她看见了一个没有脚的人。"世间很多事情，常常是我们没有珍视身边所拥有的，而当失去它时才又悔恨。

5. 使自己遇到的每一个人都感到自己重要、被需要

每个人都有一种欲望，即感觉到自己的重要性以及别人对他的需要与感激。美国19世纪哲学家兼诗人爱默生说："人生最美丽的补偿之一，就是人们真诚地帮助别人之后，同时也帮助了自己。"

6. 学会称赞别人

莎士比亚曾经说过这样一句话："赞美是照在人心灵上的阳光。没有阳光，我们就不能生长。"赞美具有一种不可思议的推动力量，对他人的真诚赞美，就像荒漠中的甘泉一样让人心灵滋润。

7. 学会微笑

微笑是一种令人愉悦的表情。面对一个微笑着的人，你会感到他的自信、友好，同时这种自信和友好也会感染你，使你油然而生出自信和友好来使你和对方亲切起来。微笑是一种含意深远的身体语言。

8. 寻找最佳的新观念

世界最伟大的发明家之一托马斯·爱迪生的一些杰出的发明，是在

思考一个失败的发明,想给这个失败的发明找一个额外用途的情况下诞生的。

9. 永远也不要消极地认为什么事是不可能的

永远也不要消极地认定什么事情是不可能的,首先你要认为你能,再去尝试、再尝试,最后你就发现你确实能。

心灵悄悄话

XIN LING QIAO QIAO HUA

有积极心态的人时刻在寻找最佳的新观念。这些新观念能增加积极心态者的成功潜力。正如法国作家维克多·雨果说的:“没有任何东西的威力比得上一个适时的主意。”